沙尘天气年鉴

2020 年

中国气象局 编

SAND-DUST WEATHER ALMANAC 2020

气象出版社
China Meteorological Press

图书在版编目（CIP）数据

沙尘天气年鉴. 2020年 / 中国气象局编. -- 北京：
气象出版社，2023.6
ISBN 978-7-5029-7851-8

Ⅰ. ①沙… Ⅱ. ①中… Ⅲ. ①沙尘暴－中国－2020－
年鉴 Ⅳ. ①P425.5-54

中国国家版本馆CIP数据核字(2023)第100614号

沙尘天气年鉴 2020 年

Shachen Tianqi Nianjian 2020 Nian

出版发行：气象出版社

地　　址：北京市海淀区中关村南大街 46 号　　　邮政编码：100081

电　　话：010-68407112（总编室）　010-68408042（发行部）

网　　址：http：//www.qxcbs.com　　　E-mail：qxcbs@cma.gov.cn

责任编辑：陈　红　　　　　　　　　　终　　审：张　斌

责任校对：张硕杰　　　　　　　　　　责任技编：赵相宁

封面设计：地大彩印设计中心

印　　刷：北京建宏印刷有限公司

开　　本：787 mm×1092 mm　1/16　　　印　　张：4.75

字　　数：122 千字

版　　次：2023 年 6 月第 1 版　　　　　印　　次：2023 年 6 月第 1 次印刷

定　　价：48.00 元

《沙尘天气年鉴 2020 年》编委会

主　　　　编：南　洋

副　主　编：安林昌　张碧辉

编　写　人　员

国家气象中心：李　明　谢　超　尤　媛

桂海林　饶晓琴　徐　冉

王继康　迟茜元　赵彦哲

国家气候中心：杨明珠　艾婉秀　钟海玲

国家卫星气象中心：刘清华　杨冰韵　王　新

前　言

　　沙尘天气是风将地面尘土、沙粒卷入空中，使空气混浊的一种天气现象的统称，是影响我国北方地区的主要灾害性天气之一。强沙尘天气的发生往往给当地人民的生命财产造成巨大损失。

　　近年来，随着社会、经济的发展，沙尘天气给国民经济、生态环境和社会活动等诸多方面造成的灾害性影响越来越受到我国社会各界和国际上的关注。我国对沙尘天气及其危害非常重视，监测手段的逐渐增多以及沙尘天气研究工作取得的进展，使沙尘天气的预报水平不断地提高，为防御和减轻沙尘天气造成的损失做出了重要贡献。

　　为了适应沙尘天气科学研究的需要，也为了给各级气象台站气象业务技术人员提供更充分的沙尘天气信息，更好地掌握沙尘天气活动规律，提高预报准确率，国家气象中心组织整编了《沙尘天气年鉴 2020 年》。年鉴中有关资料承蒙全国各有关省、自治区、直辖市气象局的大力协助和支持，使编写工作得以顺利完成。

　　《沙尘天气年鉴 2020 年》的内容包括对 2020 年沙尘天气过程概况的描述和沙尘天气产生的气象条件分析，全年和逐月沙尘天气时空分布及主要沙尘天气过程相关图表等。

FOREWORD

Sand-dust weather is the phenomenon that wind blows dust and sand from ground into the air and makes it turbid. It's one of the main disastrous weather phenomena influencing northern areas of our country. Great casualties of people's lives and properties occur in these areas because of severe sand-dust weather.

In recent years, with the development of society and economy, the disastrous influence of sand-dust weather on national economy, ecology and social life has become a hot issue in China, even in the world. With more and more attention to sand-dust weather and gradual increment of monitoring ways, the sand-dust weather research has been made and forecast level for this kind of weather has been improved, which contributes a lot to loss mitigation and sand-dust weather prevention.

In order to meet the requirements of sandstorm research, provide more sufficient sand-dust weather information for weather forecasters, National Meteorological Center compiled this *Sand-dust Weather Almanac* 2020. The volume of almanac not only assists us by obtaining further knowledge on the behavior of sandstorm and improving forecast accuracy but provides better service for prevention of sandstorm as well. Thanks for the contribution of sand-dust data from relevant meteorological sections. We own the success of this compilation to the great support of all the meteorological observatories and stations country-wide.

Sand-dust Weather Almanac 2020 covers the annual general situation and meteorological background of sand-dust weather, annual and monthly temporal and spatial distribution charts of different types of sand-dust weather, as well as some charts and tables of main sand-dust weather cases in 2020.

说　明

一、沙尘天气及沙尘天气过程的定义

本年鉴有关沙尘天气及沙尘天气过程的定义执行国家标准《沙尘暴天气等级》(GB/T 20480－2006)。

沙尘天气分为浮尘、扬沙、沙尘暴、强沙尘暴和特强沙尘暴五类。

1. 浮尘：当天气条件为无风或平均风速≤3.0 m/s时，尘沙浮游在空中，使水平能见度小于10 km的天气现象。

2. 扬沙：风将地面尘沙吹起，使空气相当混浊，水平能见度在1～10 km的天气现象。

3. 沙尘暴：强风将地面尘沙吹起，使空气很混浊，水平能见度小于1 km的天气现象。

4. 强沙尘暴：大风将地面尘沙吹起，使空气非常混浊，水平能见度小于500 m的天气现象。

5. 特强沙尘暴：狂风将地面尘沙吹起，使空气特别混浊，水平能见度小于50 m的天气现象。

沙尘天气过程分为五类：浮尘天气过程、扬沙天气过程、沙尘暴天气过程、强沙尘暴天气过程和特强沙尘暴天气过程。

1. 浮尘天气过程：在同一次天气过程中，相邻5个或5个以上国家基本（准）站在同一观测时次出现了浮尘的沙尘天气。

2. 扬沙天气过程：在同一次天气过程中，相邻5个或5个以上国家基本（准）站在同一观测时次出现了扬沙或更强的沙尘天气。

3. 沙尘暴天气过程：在同一次天气过程中，相邻3个或3个以上国家基本（准）站在同一观测时次出现了沙尘暴或更强的沙尘天气。

4. 强沙尘暴天气过程：在同一次天气过程中，相邻3个或3个以上国家基本（准）站在同一观测时次成片出现了强沙尘暴或特强沙尘暴天气。

5. 特强沙尘暴天气过程：在同一次天气过程中，相邻3个或3个以上国家基本（准）站在同一观测时次出现了特强沙尘暴的沙尘天气。

为了同往年《沙尘天气年鉴》统一，依照中国气象局《沙尘天气预警业务服务暂行规定（修订)》(气发〔2003〕12号)，本年鉴只统计和分析浮尘、扬沙、沙尘暴和强沙尘暴四类沙尘天气以及扬沙天气过程、沙尘暴天气过程和强沙尘暴天气过程三类沙尘天气过程。

二、资料与统计方法

2020年沙尘天气日数和站数、沙尘天气过程和强度等是逐日8个时次（时界：北京时00时）地面观测资料的统计结果。

具体统计方法如下：

1. 对测站沙尘日、扬沙日、沙尘暴日、强沙尘暴日的规定：

(1) 某测站一日 8 个时次只要有一个时次出现沙尘天气，则该站记有一个沙尘日；

(2) 某测站一日 8 个时次只要有一个时次出现了扬沙、沙尘暴或强沙尘暴，记有一个扬沙日；

(3) 某测站一日 8 个时次只要有一个时次出现沙尘暴或强沙尘暴，记有一个沙尘暴日；

(4) 某测站一日 8 个时次只要有一个时次出现强沙尘暴，记有一个强沙尘暴日。

2. 对某一天沙尘天气、扬沙、沙尘暴、强沙尘暴站数的规定：

(1) 某一天出现沙尘天气站数的总和为该日的沙尘天气站数；

(2) 某一天出现扬沙、沙尘暴及强沙尘暴站数的总和为该日的扬沙站数；

(3) 某一天出现沙尘暴及强沙尘暴站数的总和为该日的沙尘暴站数；

(4) 某一天出现强沙尘暴站数的总和为该日的强沙尘暴站数。

3. 对某一统计时段内沙尘天气总站日数的规定：

(1) 统计时段内逐日沙尘天气站数的总和为该时段的沙尘天气总站日数；

(2) 统计时段内逐日扬沙站数的总和为该时段的扬沙总站日数；

(3) 统计时段内逐日沙尘暴站数的总和为该时段的沙尘暴总站日数；

(4) 统计时段内逐日强沙尘暴站数的总和为该时段强沙尘暴总站日数。

三、沙尘天气过程编号标准

国家气象中心对每年移入或发生在我国范围内的扬沙、沙尘暴、强沙尘暴天气过程按照其出现的先后次序进行编号，编号用 6 位数码，前四位数码表示年份，后两位数码表示出现的先后次序。例如：2020 年出现的第 5 次沙尘天气过程应编为"202005"。

四、沙尘天气过程纪要表内容

沙尘天气过程纪要表包括该年出现的所有扬沙、沙尘暴和强沙尘暴天气过程，其相关内容包括：沙尘天气过程编号、起止时间、过程类型、主要影响系统、扬沙和沙尘暴影响范围和风力。其中主要影响系统是指引起沙尘天气的地面天气尺度的天气系统，主要包括冷锋、气旋、低气压。冷锋是冷气团占主导地位推动暖气团移动的冷、暖空气过渡带，锋后常伴有大风。蒙古气旋产生于蒙古国或我国内蒙古，它由两到三种冷、暖气团交汇而成，通常从气旋中心往外有冷锋、暖锋或锢囚锋生成，气旋发展强烈时常出现大风。低气压是指中心气压低于四周并具有闭合等压线的天气系统。

五、年及各月沙尘天气日数分布图

年及各月沙尘天气日数分布图包括年及各月沙尘天气出现日数分布图、扬沙天气出现日数分布图、沙尘暴天气出现日数分布图和强沙尘暴天气出现日数分布图。

六、沙尘天气过程图表

沙尘天气过程图表包括沙尘天气过程描述表、沙尘天气范围图、500 hPa 环流形势图、地面天气形势图及气象卫星监测图像等。沙尘天气过程描述表中的最大风速是从该次沙尘天气过程中所有出现沙尘天气站点的定时观测中统计出来的最大风速。500 hPa 环流形势图、地面天气形势图的选用原则是能充分反映造成该次沙尘天气过程的环流形势及影响系统，图中 G (D) 表示高 (低) 气压中心。

七、沙尘天气路径划分标准

沙尘天气路径分为偏北路径型、偏西路径型、西北路径型、南疆盆地型和局地型五类。

1. 偏北路径型：沙尘天气起源于蒙古国或我国东北地区西部，受偏北气流引导，沙尘主体自北向南移动，主要影响我国西北地区东部、华北大部和东北地区南部，有时还会影响到黄淮等地。

2. 偏西路径型：沙尘天气起源于蒙古国、我国内蒙古西部或新疆南部，受偏西气流引导，沙尘主体向偏东方向移动，主要影响我国西北、华北，有时还影响到东北地区西部和南部。

3. 西北路径型：沙尘天气一般起源于蒙古国或我国内蒙古西部，受西北气流引导，沙尘主体自西北向东南方向移动，或先向东南方向移动，而后随气旋收缩北上转向东北方向移动，主要影响我国西北和华北，甚至还会影响到黄淮、江淮等地。

4. 南疆盆地型：沙尘天气起源于新疆南部，并主要影响该地区。

5. 局地型：局部地区有沙尘天气出现，但沙尘主体没有明显的移动。

目　录

1 2020年沙尘天气概况

1.1 沙尘天气过程

2020 年全国共出现了 10 次沙尘天气过程,较 2019 年减少了 5 次,较气候平均(17.2 次)显著偏少。其中,扬沙天气过程 7 次、沙尘暴天气过程 2 次,强沙尘暴天气过程 1 次,有 7 次沙尘天气过程发生在春季。10 次沙尘天气过程中偏西路径型 3 次,西北路径型 2 次,偏北路径型 2 次,南疆盆地型 1 次,局地型 2 次。首次发生的沙尘天气过程为 2020 年 2 月 13—15 日的沙尘暴天气过程,较常年偏早 3 天,末次是 10 月 20—21 日的扬沙天气过程。2020 年强度最强的沙尘天气过程是 3 月 8—10 日的强沙尘暴天气过程,新疆东部和南疆盆地、青海北部、内蒙古中西部、宁夏北部、陕西北部等地出现扬沙或浮尘天气,新疆南疆盆地的部分地区出现强沙尘暴天气。影响范围最大过程为 10 月 20—21 日的扬沙天气过程,沙尘天气影响了西北地区东部、东北地区西部、华北地区、黄淮、江淮北部等地。与往年影响范围最大的沙尘天气过程主要出现在春季不同,2019 年和 2020 年连续两年出现在秋季。

2000—2020 年,沙尘天气过程次数呈先减少后维持稳定趋势,但 2020 年沙尘天气过程明显偏少(图 1.1)。2000—2010 年平均每年出现沙尘天气过程 15.7 次,而

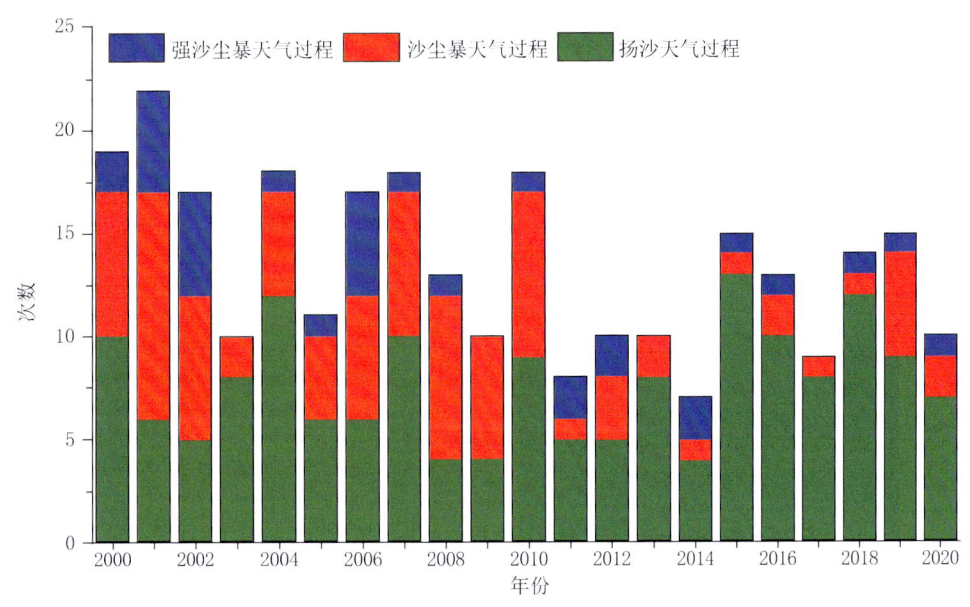

图1.1 2000—2020年沙尘天气过程次数

2011—2014 年每年仅出现 7 ~ 10 次（平均 8.8 次），2015—2019 年每年出现沙尘天气过程次数增加至平均 13.2 次。2000—2020 年，沙尘暴天气过程次数呈显著减少的趋势，其中，2000—2010 年平均每年出现沙尘暴天气过程 6.5 次，2011—2020 年平均每年仅 1.9次。2000—2020 年，大部分年份强沙尘暴天气过程出现 1 ~ 2 次，仅 2001 年、2002 年和 2006 年出现 5 次。

1.2 沙尘天气日数

2020 年我国西北地区、华北地区、东北地区、黄淮以及西藏等地的部分地区都出现了沙尘天气（图 1.2）。有两个沙尘天气出现日数超过 10 天的多发区，一个位于新疆南疆盆地和青海西北部，沙尘天气出现日数一般达 10 ~ 100 天，其中，于田（131 天）、塔中（115 天）、民丰（109 天）三站出现日数超过 100 天；另一个多发区位于内蒙古中西部、甘肃西部和宁夏中北部的部分地区，沙尘天气出现日数一般为 10 ~ 24 天，内蒙古西部局地超过 24 天。扬沙天气主要出现在我国西北地区、内蒙古、东北地区中部以及华北和西藏的部分地区（图 1.3）。扬沙天气也存在两个多发区，位置与沙尘天气基本相同，出现日数为 10 ~ 24 天，其中，新疆南疆盆地南部可达 25 ~ 51 天。沙尘暴天气出现的区域较扬沙天气明显缩小，主要分布在新疆南疆盆地、青海西北部、内蒙中西部，出现日数一般为 1 ~ 4 天，新疆南疆盆地东部的部分地区超过 5 天，其中，且末站最多，为 8 天（图 1.4）。强沙尘暴天气主要出现在新疆南疆盆地、青海西北部和内蒙古中西部的部分地区，出现日数一般为 1 ~ 2 天，新疆南疆盆地局地达到 5 天或以上，其中，若羌站最多，达到 6 天（图 1.5）。

2020 年，我国北方大部分地区沙尘天气日数较近 5 年平均偏少（图 1.6），仅新疆南疆盆地、内蒙古中部、宁夏、河南北部、山东中西部、辽宁中部等地的部分地区略有增加。其中，新疆南疆盆地东部沙尘天气日数减少 10 ~ 60 天。新疆北部、西北地区东部和内蒙古中东部的部分地区沙尘暴日数较近 5 年平均减少 0 ~ 2 天，新疆南疆盆地减少 1 ~ 3 天；内蒙古西部的部分地区和新疆南疆盆地东部局地沙尘暴日数较近 5 年平均增加 0 ~ 3 天。在我国基准气象站和基准气候站中，2020 年共有 41.3% 站点出现了沙尘天气，较 2019 年（40.4%）偏多，较近 5 年平均（38.4%）明显偏多。

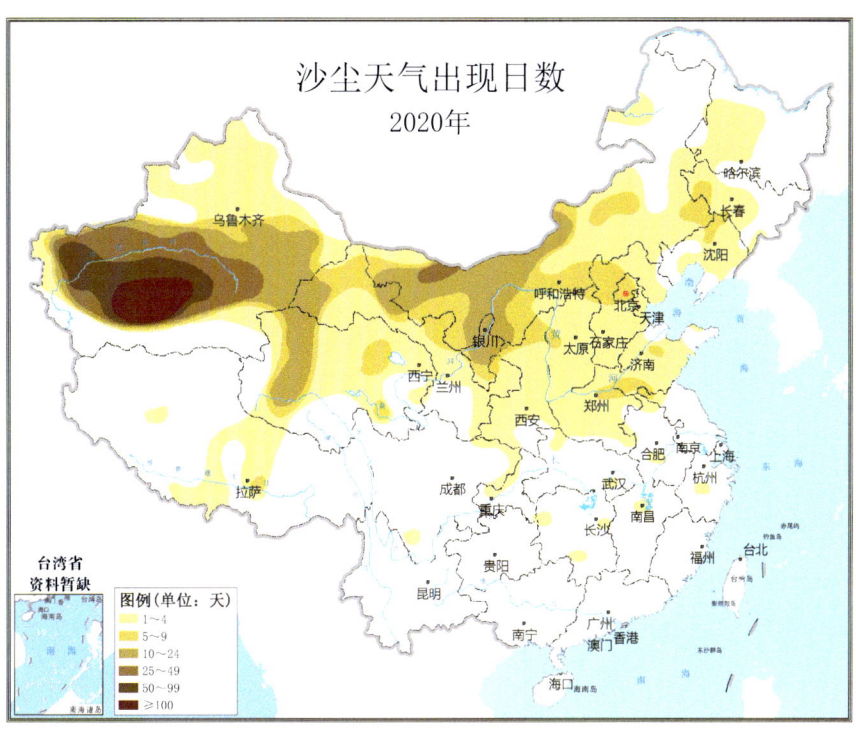

图1.2　2020年沙尘天气日数分布

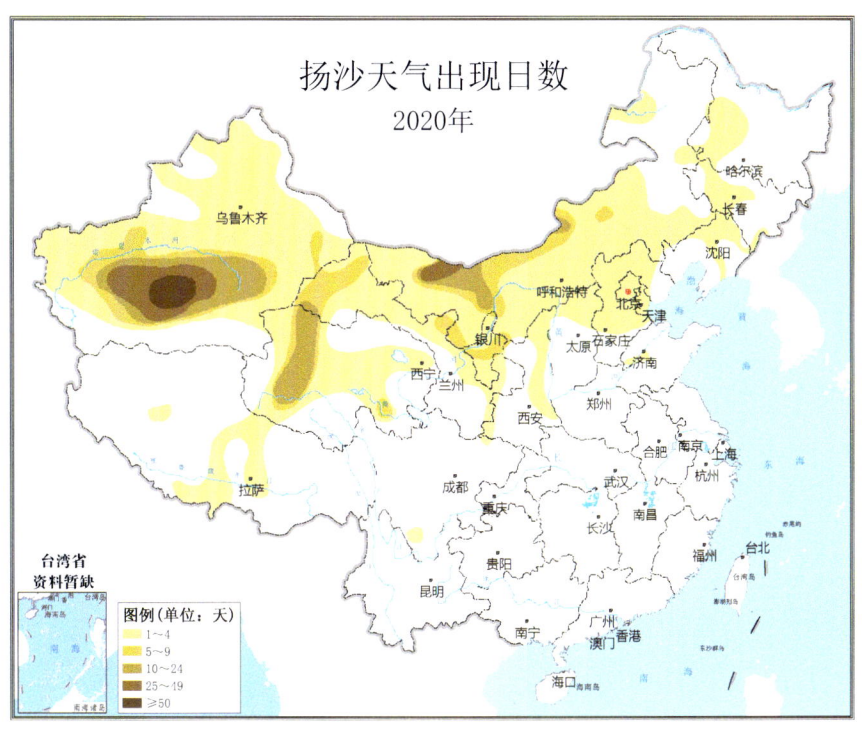

图1.3　2020年扬沙天气日数分布

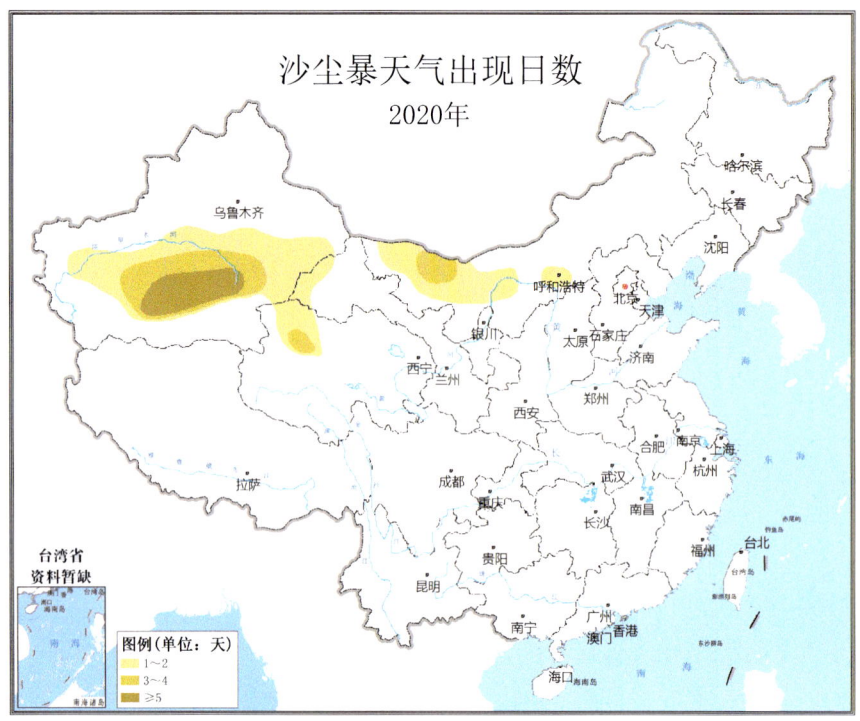

图1.4　2020年沙尘暴天气日数分布

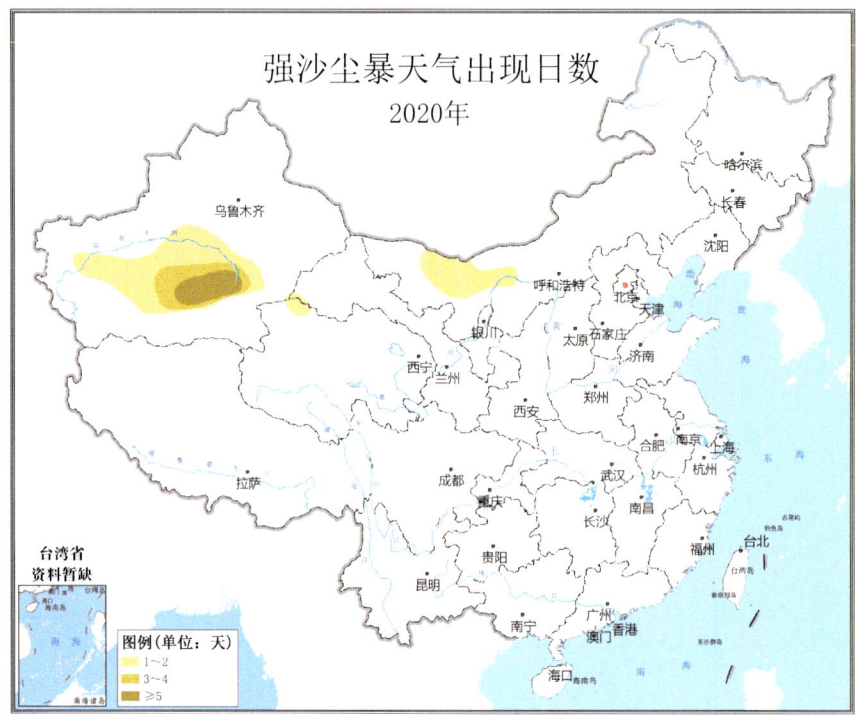

图1.5　2020年强沙尘暴天气日数分布

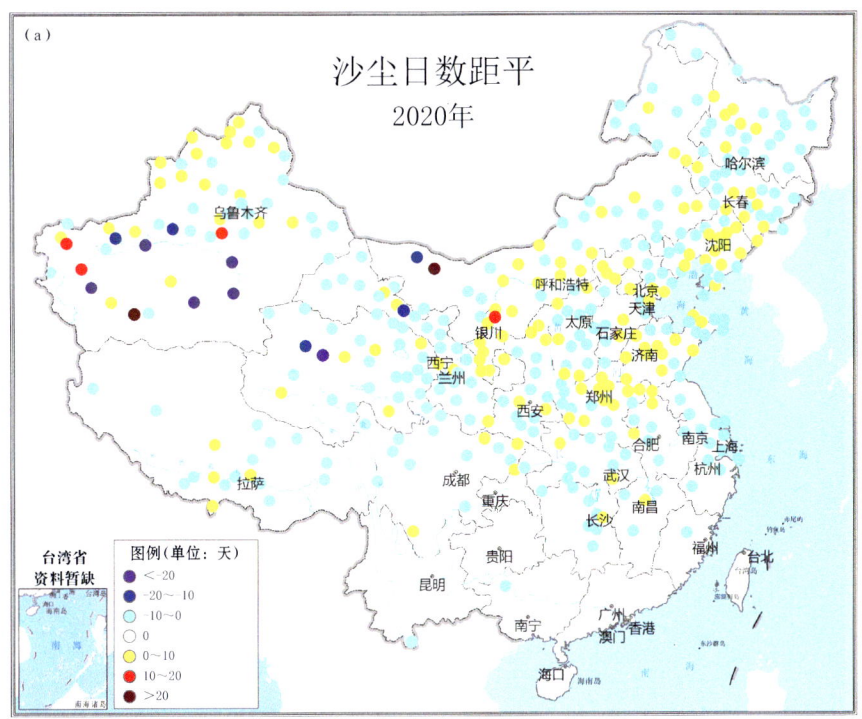

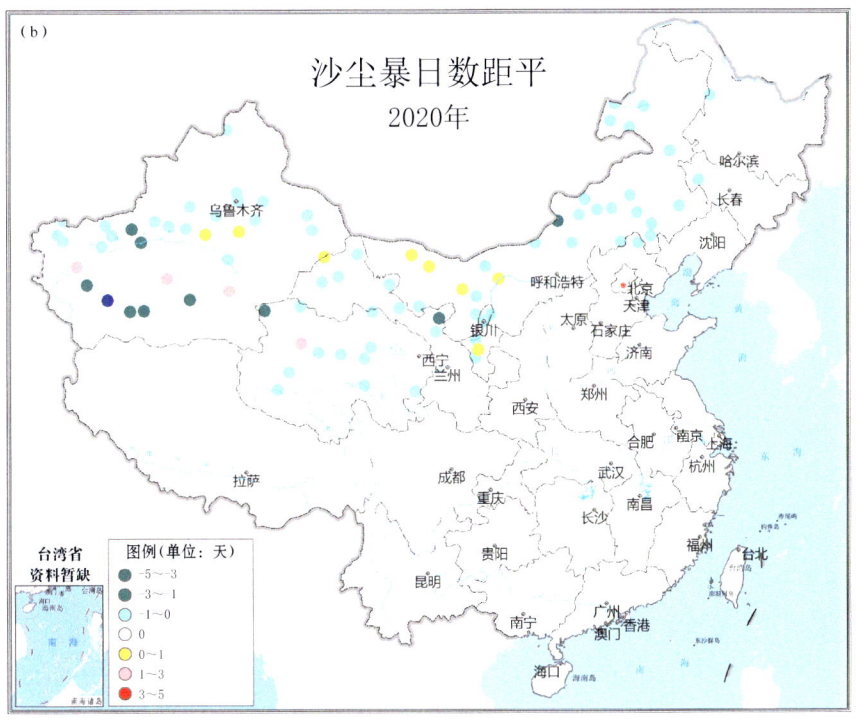

图1.6 2020年沙尘（a）与沙尘暴（b）日数距平分布

1.3 2020年春季（3—5月）沙尘天气主要特点

（1）春季沙尘过程次数较常年同期明显偏少，强度偏弱；春季前期发生多，中后期发生较少

2020年春季，我国共出现7次沙尘天气过程，较常年平均（17.2次）明显偏少（表1.1）。7次沙尘天气过程中，5次扬沙天气过程，较2010—2019年同期平均（6.2次）偏少1.2次；仅出现了1次强沙尘暴和1次沙尘暴天气过程，沙尘暴及以上强度的沙尘天气过程次数2020年较2000—2019年同期平均（5.4次）偏少3.4次，较2019年同期偏少2次，总体强度偏弱。

表1.1 2000—2020年春季沙尘天气过程统计（单位：次）

年份	扬沙天气过程	沙尘暴天气过程	强沙尘暴天气过程	总沙尘天气过程
2000年	7	7	2	16
2001年	5	10	3	18
2002年	1	7	4	12
2003年	5	2	0	7
2004年	9	5	1	15
2005年	5	2	1	8
2006年	6	6	5	17
2007年	5	8	1	14
2008年	1	7	1	9
2009年	2	5	0	7
2010年	8	6	1	15
2011年	5	1	2	8
2012年	4	2	2	8
2013年	5	1	0	6
2014年	4	1	2	7
2015年	10	1	1	12
2016年	6	2	1	9
2017年	5	1	0	6
2018年	8	1	1	10
2019年	7	3	1	11
2020年	5	1	1	7
2010—2019年平均	6.2	1.9	1.1	9.2
2000—2019年平均	5.4	4.0	1.4	10.8
常年平均（1981—2010年）	/	/	/	17.2

2020 年春季，沙尘天气过程具有春季前期发生较多、中后期发生较少的特点（表1.2）：3 月出现了 4 次沙尘天气过程，较 2000—2019 年同期平均（3.6 次）偏多 0.4 次；4 月发生了 1 次沙尘天气过程，较 2000—2019 年同期平均（4.4 次）明显偏少 3.4 次，为 2000 年以来 4 月同期沙尘天气过程次数发生最少的一年；5 月沙尘天气过程为 2 次，较 2000—2019 年同期平均（2.8 次）偏少 0.8 次。

表 1.2　2000—2020 年春季及各月沙尘天气过程次数统计（单位：次）

时间	3月	4月	5月	总计
2000年	3	8	5	16
2001年	7	8	3	18
2002年	6	6	0	12
2003年	0	4	3	7
2004年	7	4	4	15
2005年	1	5	2	8
2006年	5	7	5	17
2007年	4	4	6	14
2008年	3	2	4	9
2009年	3	3	1	7
2010年	8	5	2	15
2011年	3	4	1	8
2012年	2	4	2	8
2013年	3	2	1	6
2014年	2	3	2	7
2015年	5	3	4	12
2016年	3	4	2	9
2017年	2	2	2	6
2018年	3	5	2	10
2019年	1	5	5	11
2020年	4	1	2	7
2000—2019年平均	3.6	4.4	2.8	10.8

注：本表中沙尘天气过程所在月为该次过程第 1 天所在月。

（2）沙尘天气日数偏少，强度显著偏弱

在我国基准气象站和基准气候站中，2020 年春季共有 38.9% 站点出现了沙尘天气（图 1.7），多于 2000—2019 年平均站数（35.9%），比 2019 年的 226 站也明显偏多。出现沙尘暴的站点数仅有 18 站，显著少于 2000—2019 年平均站数（57.7 站），也比 2019 年的 46 站明显偏少。出现强沙尘暴共有 10 站，远少于 2000—2019 年平均（22.1 站），略少于 2019 年的 12 站。

　　2020 年出现的沙尘天气站日数为 922 站·天（图 1.8），少于 2000—2019 年平均值（1478.6 站·天）为 2000 年以来第三少年，仅多于 2012 年（897 站·天）和 2017 年（919 站·天）。出现沙尘暴的站日数为 38 站·天，显著少于 2000—2019 年平均值（140.7 站·天），比 2019 年的 102 站·天明显偏少，为 2000 年以来最少年，比第二少的 2017 年（48 站·天）还少 10 站·天。出现强沙尘暴 14 站·天，远少于 2000—2019 年平均值（38.5 站·天），与 2018 年并列为 2000 年以来最少年。

　　2020 年春季，我国北方地区平均沙尘日数为 5.3 天，较常年同期（8.2 天）偏少 2.9 天，接近或略少于 2000—2019 年平均（5.7 天）和 2019 年同期（5.4 天）（图 1.9）。平均沙尘暴日数为 0.29 天，分别比常年同期（1.19 天）和 2000—2019 年同期（0.68 天）偏少 0.90 天和 0.39 天，为 1961 年以来历史同期第三少年（图 1.10），沙尘天气强度总体偏弱。

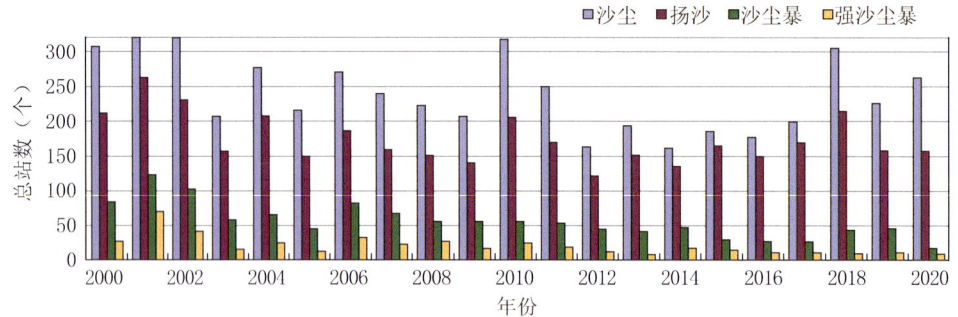

图1.7　2000—2020年春季沙尘天气总站数历年变化

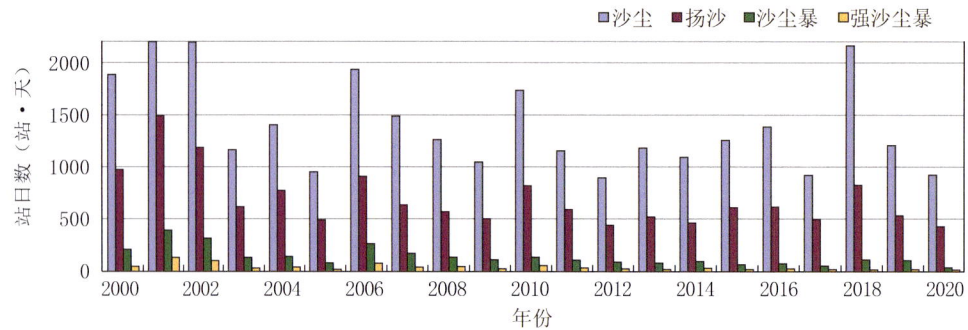

图1.8　2000—2020年春季沙尘天气站日数历年变化

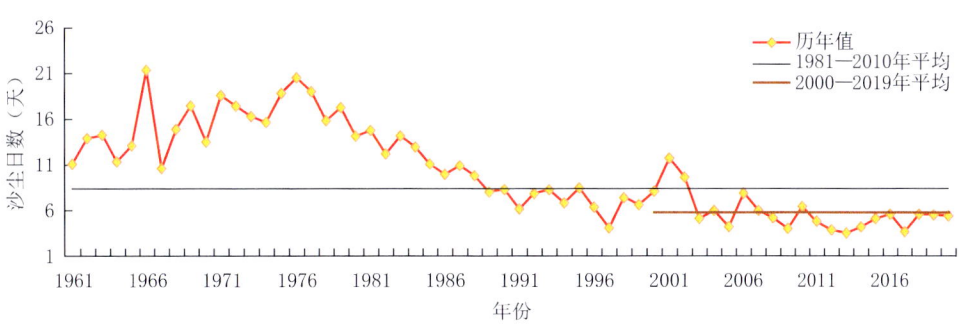

图1.9　1961—2020年春季中国北方沙尘（浮尘及以上强度）日数历年变化

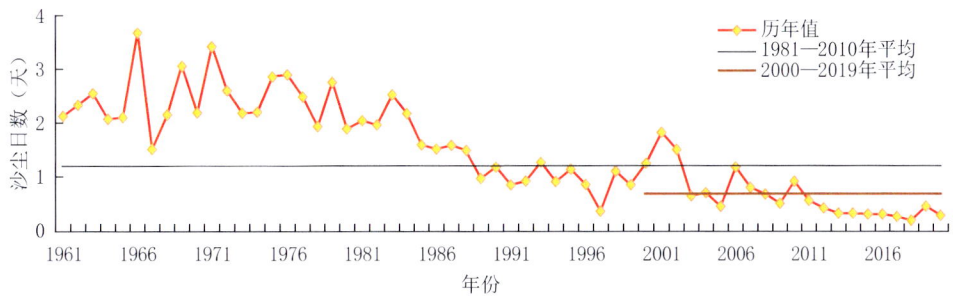

图1.10　1961—2020年春季中国北方沙尘暴及以上强度日数历年变化

（3）西北地区东部和东北地区沙尘天气增多，其余地区减少

从空间分布来看，2020年春季，中国北方大部分地区受到了沙尘天气的影响，新疆南疆盆地、青海西部、甘肃西北部局部、宁夏北部、内蒙古西部和中北部、吉林西部局部等地区沙尘日数超过了10天，新疆南疆、青海西部、内蒙古西部和中北部局部地区沙尘日数超过20天，南疆区域和内蒙古西部局部区域超过40天（图1.11a）。与常年同期相比，北方大部地区沙尘日数偏少，其中，北疆西部局部、青海西部局部及东部和北部、西北地区大部、华北地区西部和南部偏少5～10天，河套中西部局部偏少15～20天以上，但内蒙古东北部局部和西部局部区域、新疆东部和南疆盆地、青海中部部分区域较常年同期偏多，其中，内蒙古西部局部和新疆东部部分区域偏多5～15天，南疆盆地中部和东部大部偏多15天以上（图1.11b）。

从2020年春季分月比较来看，总体均呈西多东少、北多南少的特征，但各月也呈不同的特征，3月沙尘天气的影响范围最大，北方沙尘天气扩展到了黄淮地区；4月影响范围最小，华北地区南部和西北地区南部甚至没有发生沙尘天气；5月沙尘天气较4月有所扩大，在内蒙古西部和中部区域的沙尘日数较前期偏多，并且5月北疆地区的沙尘日数较前期偏多（图1.12）。

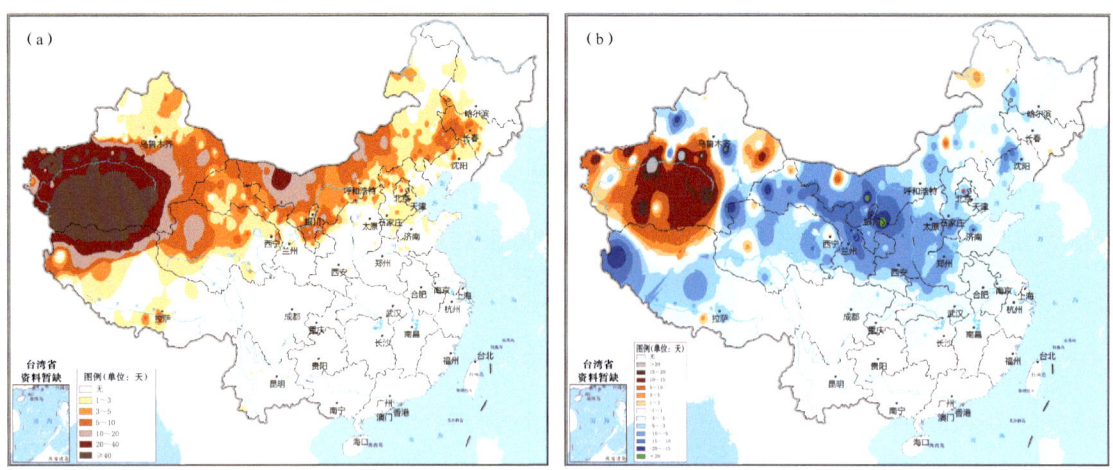

图1.11　2020年春季浮尘及以上沙尘日数（a）及距平（b）分布

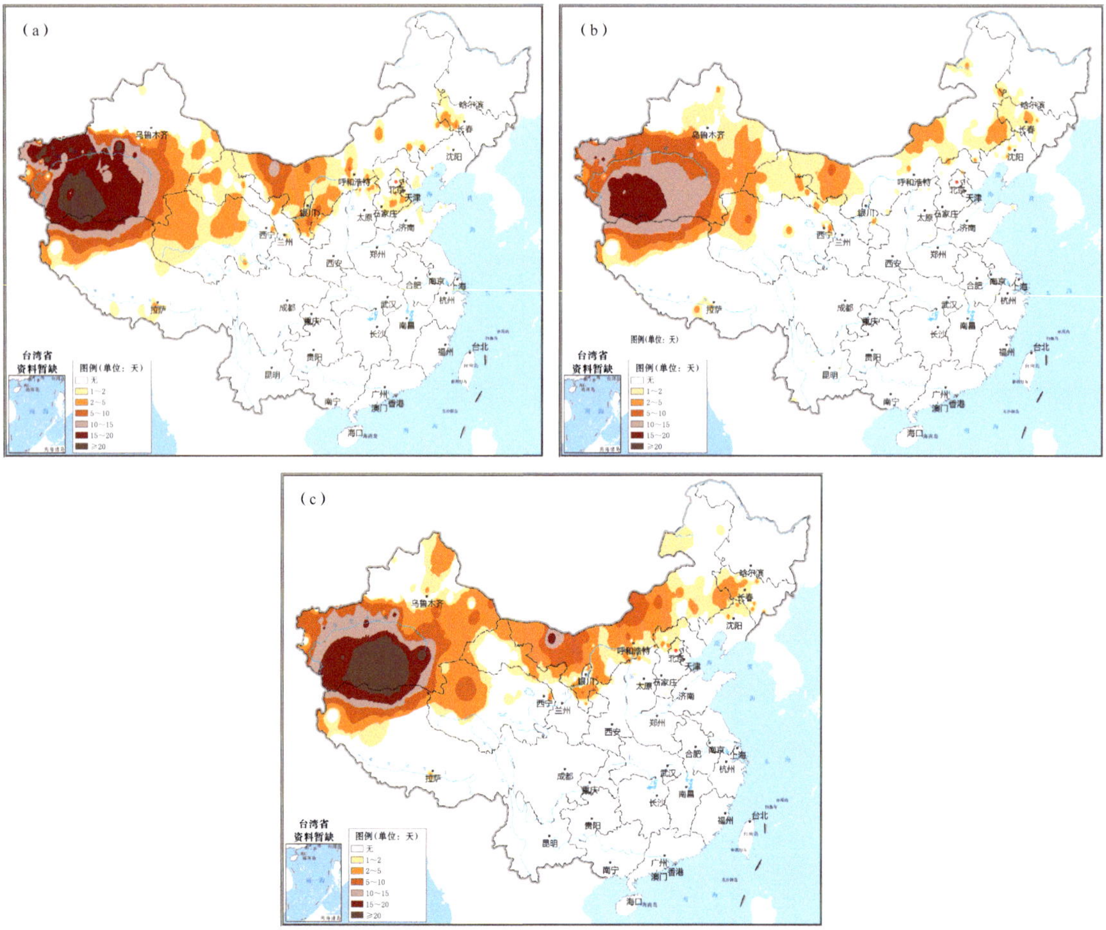

图1.12　2020年3月（a）、4月（b）和5月（c）浮尘及以上沙尘日数分布

从沙尘日数距平分布来看（图1.13），与常年同期相比，2020年春季3—5月各月，我国北方大范围沙尘日数均较常年同期总体偏少，尤其4月，北方大范围偏少明显，但一些区域沙尘天气在春季各月持续偏多，如南疆盆地中部在各月均出现偏多，尤其3月和5月偏多明显，另外新疆东部局部、内蒙古东北部在各月也均较常年同期偏多。但各月也呈不同的特征，例如5月，与春季中、前期不同，内蒙古东部和西部局部、华北地区北部、东北地区南部区域，沙尘天气较常年同期偏多。

从浮尘及以上沙尘天气出现站数来看（图1.14），2020年3月最多，5月次之，4月最少，其中，3月我国北方有469站观测到沙尘天气，为2011年以来同期第二多年，仅次于2013年。从沙尘暴及以上沙尘天气出现站数来看（图1.15），2020年春季各月均较少，并且季节内特征与浮尘天气有很大的不同,3月最少(有16站),4月次之(24站),

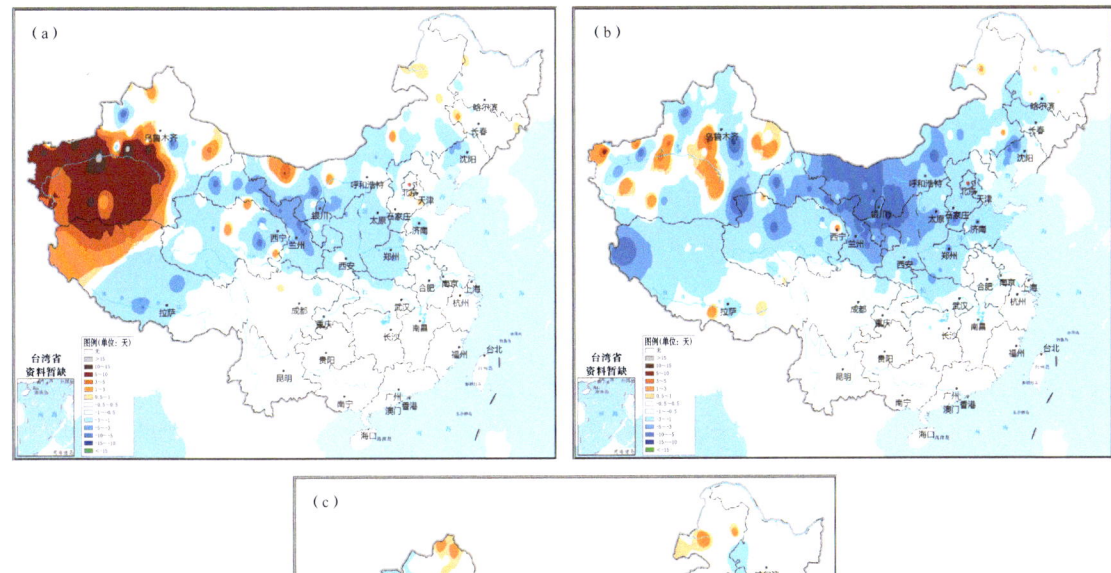

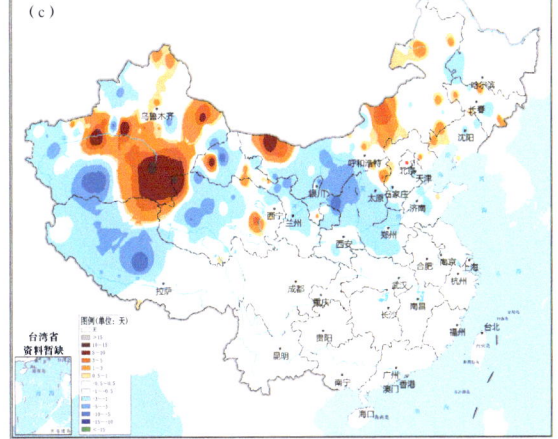

图1.13　2020年3月（a）、4月（b）和5月（c）浮尘及以上沙尘日数距平分布

5月最多（有38站），其中，3月发生沙尘暴及以上沙尘天气的站数是2011年以来第3少年。因此，尽管3月沙尘天气影响范围广，站数多，但强度偏弱。

图1.14　2011—2020年春季各月沙尘天气（浮尘及以上）出现站数历年变化

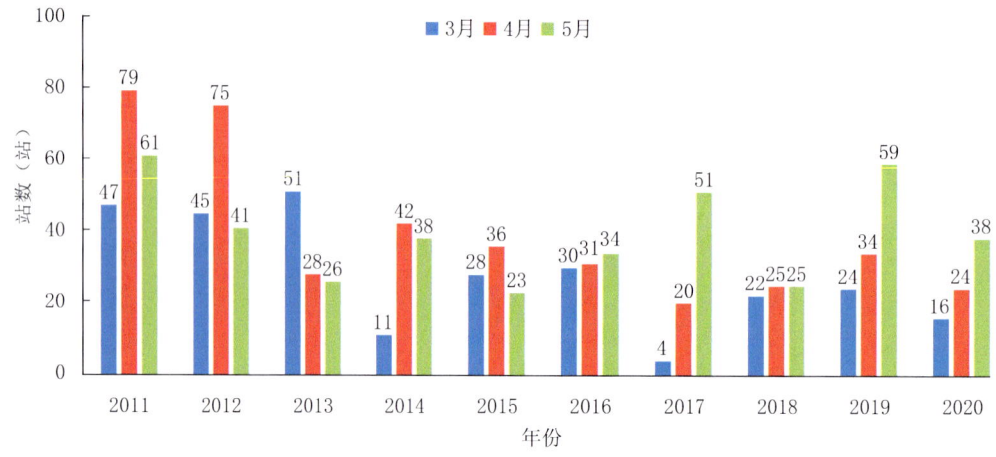

图1.15　2011—2020年春季各月沙尘天气（沙尘暴及以上）出现站数历年变化

（4）沙尘首发时间较常年同期偏早

2020年我国首次沙尘天气过程发生时间为2月13日，比2000—2019年平均首发时间（2月15日）偏早2天，较2019年（3月19日）偏早35天（图1.16）。

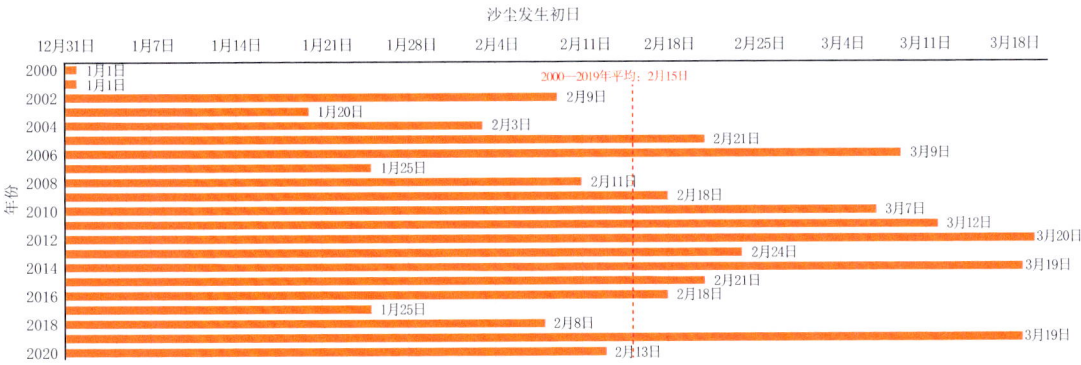

图1.16　2000—2020年沙尘天气首次发生日期

1.4　2020年春季严重沙尘天气过程影响

　　2020年春季沙尘天气影响总体偏弱,3月8—10日,新疆南疆盆地和沿天山地区东部、青海北部、甘肃东部、内蒙古中西部、宁夏、陕西北部等地出现扬沙或浮尘天气,新疆南疆盆地部分地区出现沙尘暴,塔中、且末、铁干里克等地出现强沙尘暴,沙尘天气对设施农业、飞机航运造成影响,部分地区空气污染严重。18—19日,内蒙古中部和东南部、山西、河北、天津、辽宁、山东等地出现8～9级阵风、局地达10～12级。新疆南疆盆地、青海东部、甘肃东部、内蒙古中西部、宁夏、陕西北部、山西北部、北京、天津、河北、山东、河南中东部等地出现扬沙或浮尘天气。

2　2020年春季北方沙尘天气总体偏少、强度显著偏弱成因分析

2020年春季，我国北方沙尘天气偏少、强度偏弱的主要原因是：（1）2019年生长季主要沙源区降水偏多，植被长势好，地表状况有利于抑制2020年春季沙尘天气的发生；（2）春季欧亚地区盛行纬向型环流，北方环流系统不活跃，冷空气活动偏弱，沙尘天气发生的传输动力偏弱。

2.1　2019年夏季主要沙源区降水偏多，植被生长状况总体较好

2019年夏季，除新疆西北部、内蒙古中部局部和东部部分区域外，北方地区其他主要沙源区降水量总体偏多，尤其西北地区大部、内蒙古西部降水量偏多明显，较常年同期偏多2成以上，西北地区西北部、内蒙古西部地区偏多5成以上（图2.1a）。2019年夏季，中国以北的部分地区降水也较常年同期略偏多（图2.1b）。2019年生长季各月，我国北方地区植被生长状况较近20年平均（2008—2018年）偏好（图2.2），下垫面状况对于2019年沙尘多发期起沙具有很好的抑制作用。

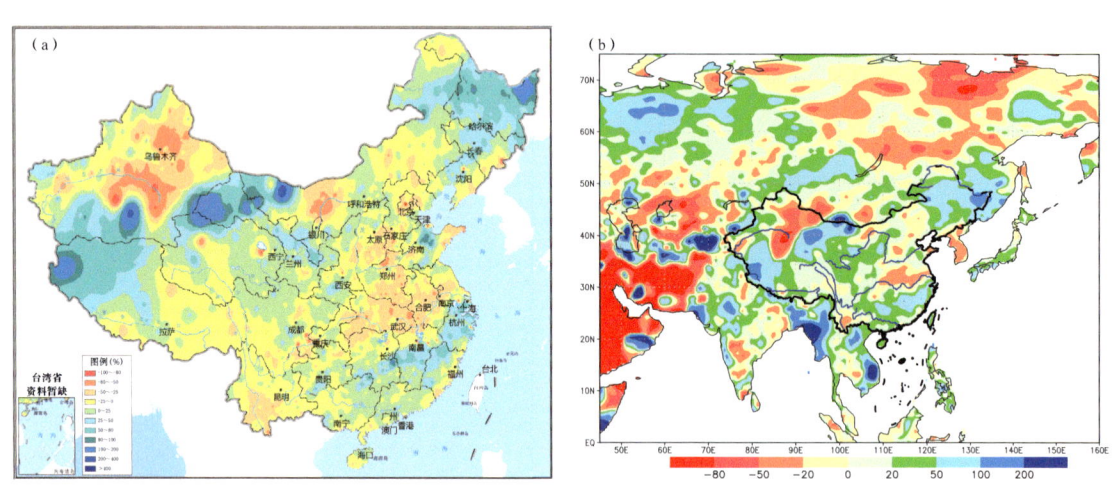

图2.1　2019年夏季中国地区（a）和欧亚（b）降水距平百分率分布

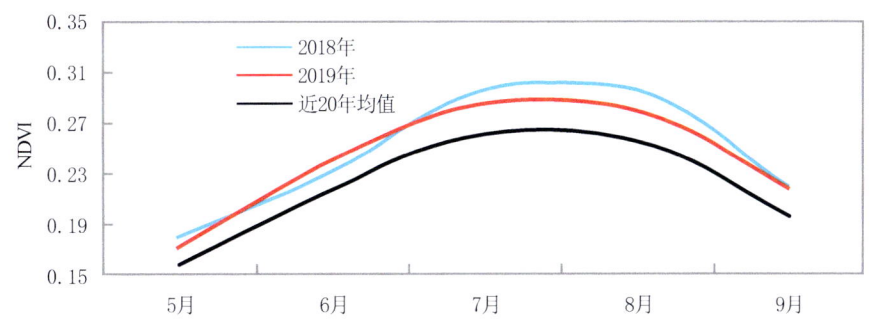

图2.2　2019年生长季北方地区植被长势情况（NDVI）分析（国家林草局提供）

2.2　动力输送条件偏弱

2020 年春季平均 500 hPa 位势高度场分布显示（图 2.3），欧亚地区高度场为平直的纬向环流；距平场上，欧亚中高纬度地区至鄂霍次克海地区位势高度距平场为"−+−"的分布，乌拉尔山为负高度距平控制，贝加尔湖及以东、以南的东亚、东北亚地区为正高度距平控制，其中，内蒙古东部至我国东北地区南部为显著的位势高度正距平。这样的环流分布对应着影响中国的冷空气活动偏弱，2020 年春季我国平均气温较常年同期偏高了 1.1 ℃（图 2.4）。从平均气温距平分布来看（图 2.5），我国大部地区气温均较常年同期偏高，北方大部偏高 1～2 ℃。影响沙尘天气气候的大气环流传输动力显著偏弱，是导致 2020 年春季沙尘总体偏少的另一个重要因素。

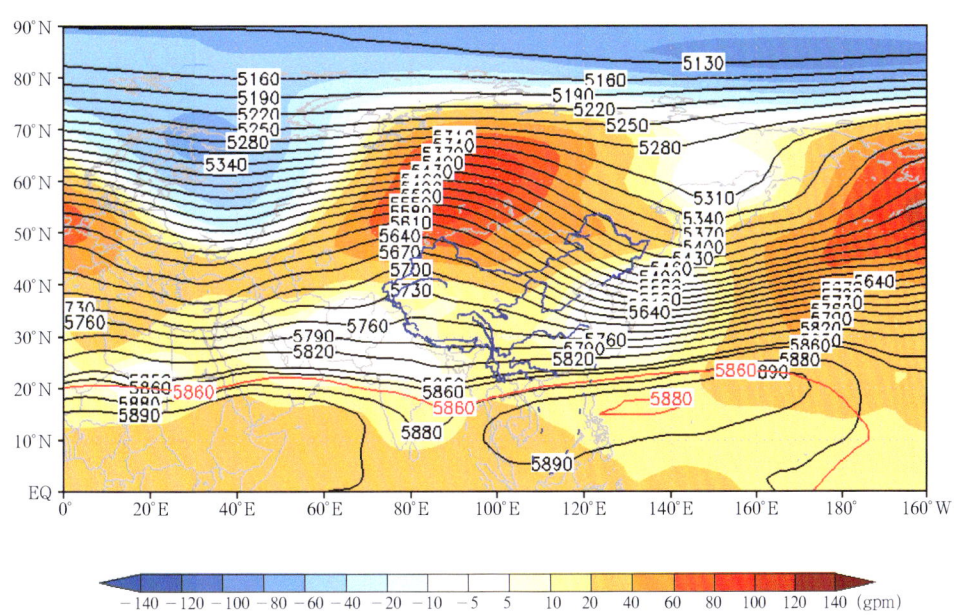

图2.3　2020年春季500 hPa位势高度（等值线）及其距平场（阴影）分布

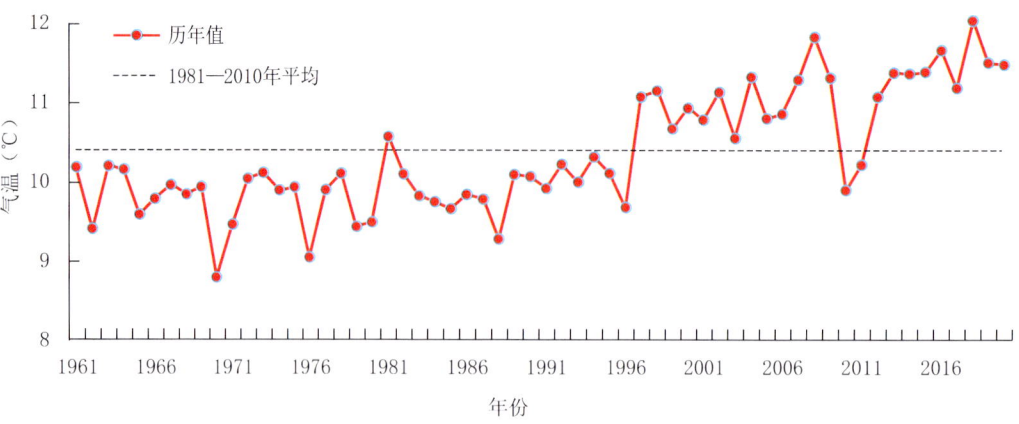

图2.4 1961—2020年春季平均气温序列

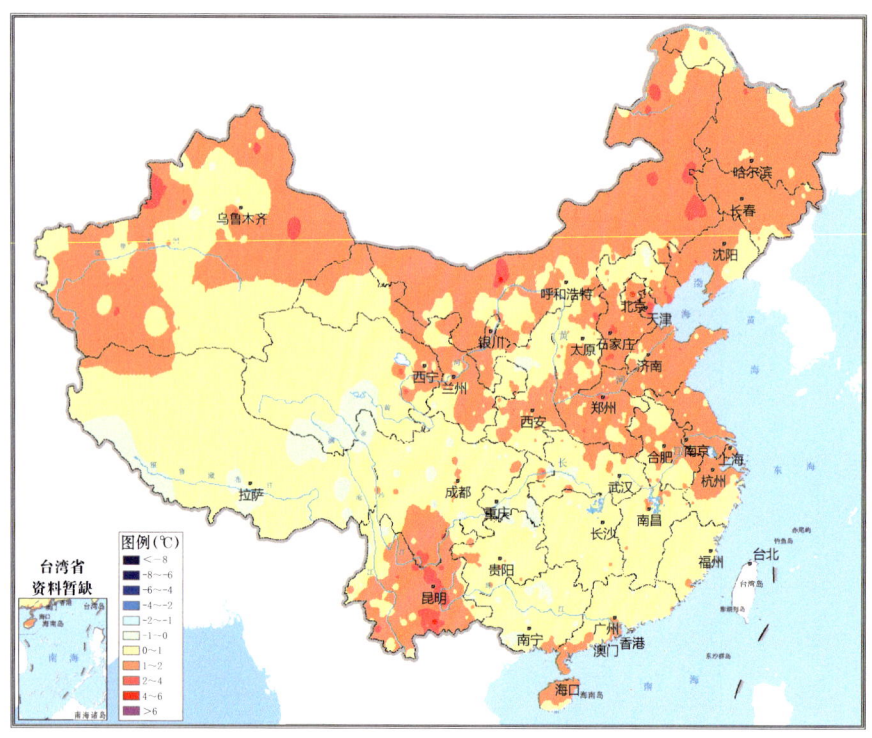

图2.5 2020年春季平均气温距平分布

3 2020年沙尘天气过程纪要表

编号	起止时间	过程类型	主要影响系统	扬沙和沙尘暴主要影响范围	沙尘天气路径
202001	2月13—15日	沙尘暴	地面冷锋、蒙古气旋	新疆南疆盆地，青海北部、甘肃中部、内蒙古中西部、宁夏、陕西北部出现扬沙或浮尘天气，新疆南疆盆地东部出现沙尘暴，且末、若羌出现强沙尘暴	偏西路径型
202002	3月8—10日	强沙尘暴	地面冷锋	新疆东部和南疆盆地、青海北部、内蒙古中西部、宁夏、陕西北部等地出现扬沙或浮尘天气，新疆南疆盆地东部出现沙尘暴，塔中、且末、铁干里克出现强沙尘暴	偏西路径型
202003	3月12日	扬沙	地面冷锋	新疆南疆盆地、青海北部、甘肃西部、吉林西部等地的部分地区出现扬沙或浮尘天气	局地型
202004	3月18日	扬沙	地面冷锋	甘肃东部、内蒙古中西部、宁夏东北部、陕西北部、山西北部、北京、天津、河北中部、山东中西部等地出现扬沙或浮尘天气	西北路径型
202005	3月25—26日	扬沙	地面冷锋	新疆东部和南疆盆地、青海东部、甘肃东部和西部、内蒙古西部、宁夏、陕西西部、吉林西部等地出现扬沙或浮尘天气，新疆南疆盆地部分地区出现沙尘暴，若羌出现强沙尘暴	偏西路径型
202006	4月10—11日	沙尘暴	地面冷锋	新疆沿天山北麓和南疆盆地、青海东部和西北部、甘肃西部、内蒙古西部等地出现扬沙或浮尘天气，其中新疆南疆盆地东部出现沙尘暴，铁干里克、轮台、若羌出现强沙尘暴	南疆盆地型
202007	5月10—11日	扬沙	蒙古气旋	内蒙古东南部、吉林中部、辽宁中北部等地出现扬沙或浮尘天气	局地型
202008	5月11—12日	扬沙	地面冷锋、蒙古气旋	内蒙古中部、北京、河北中北部、山西北部、山东西南部等地部分地区出现扬沙或浮尘天气	偏北路径型
202009	6月1日	扬沙	蒙古气旋	内蒙古中西部、宁夏北部、陕西北部、山西中北部等地的部分地区出现扬沙或浮尘天气	西北路径型
202010	10月20—21日	扬沙	地面冷锋、蒙古气旋	内蒙古大部、宁夏、陕西中北部、山西北部和西部、黑龙江西部、吉林西部、河北中部、北京、山东西部、河南东北部、安徽北部、江苏北部出现扬沙或浮尘天气	偏北路径型

4 2020年逐月沙尘天气日数分布图

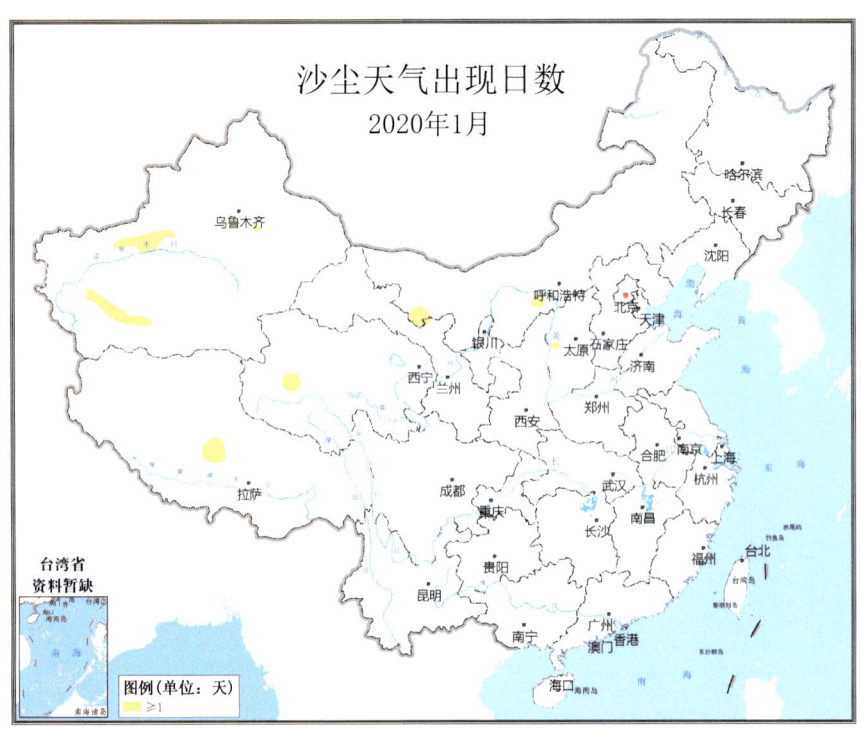

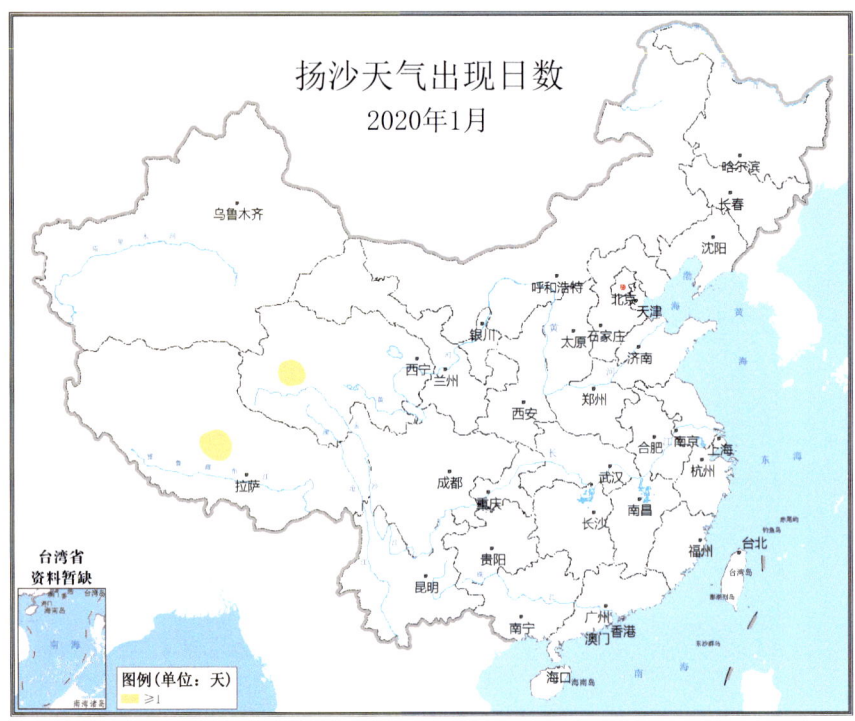

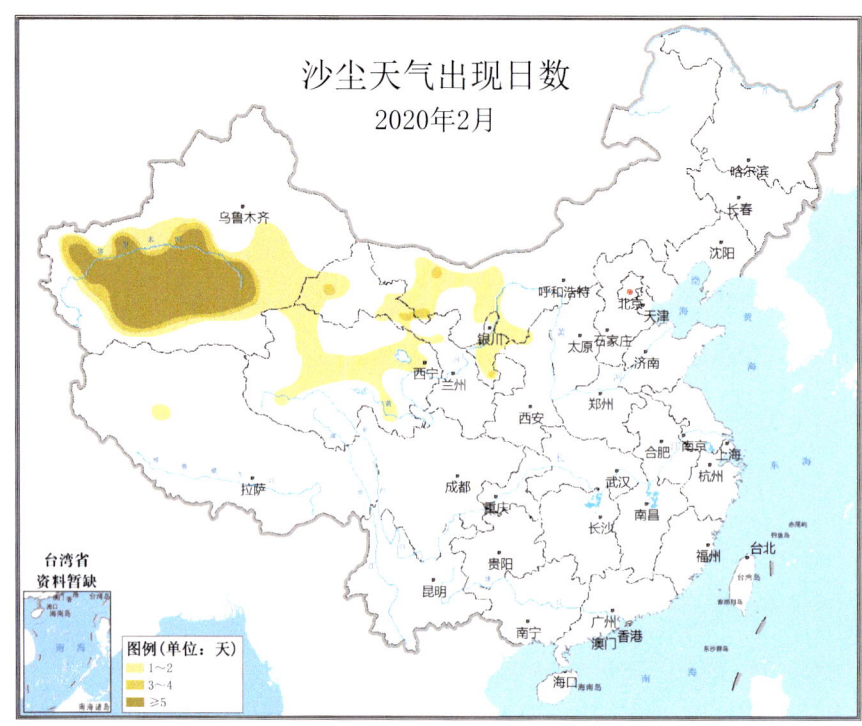

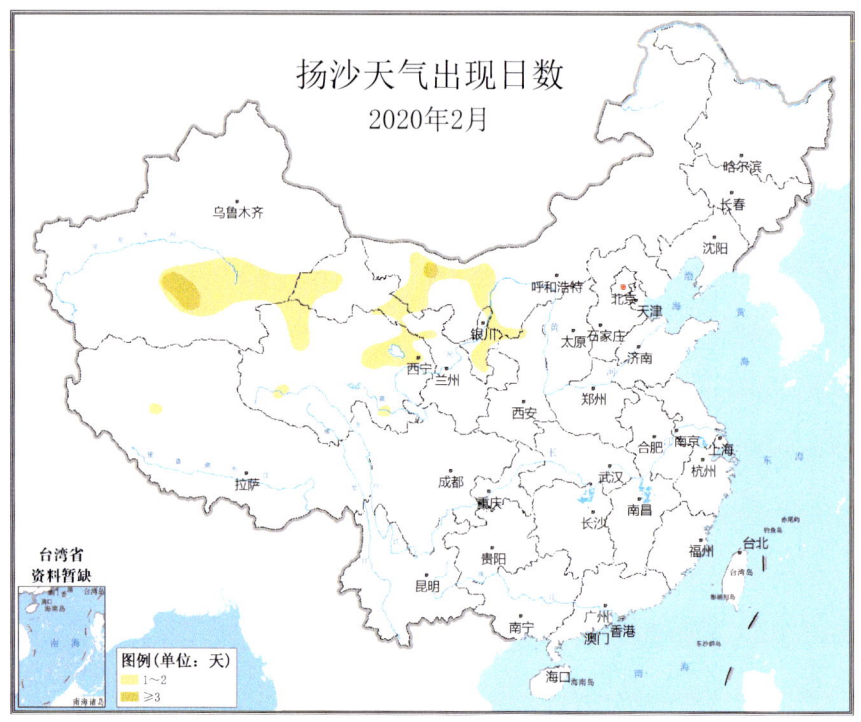

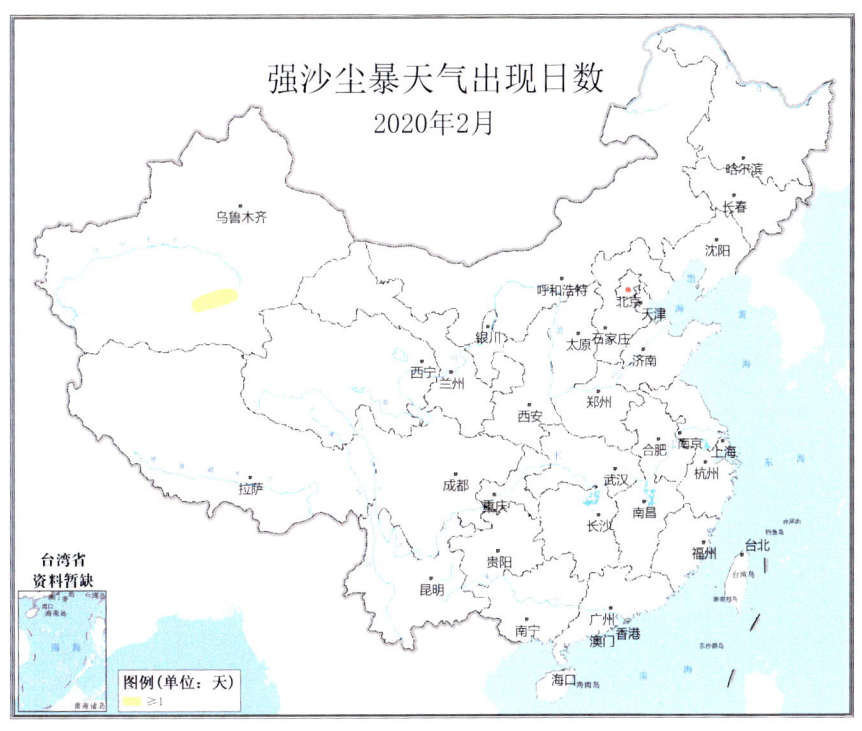

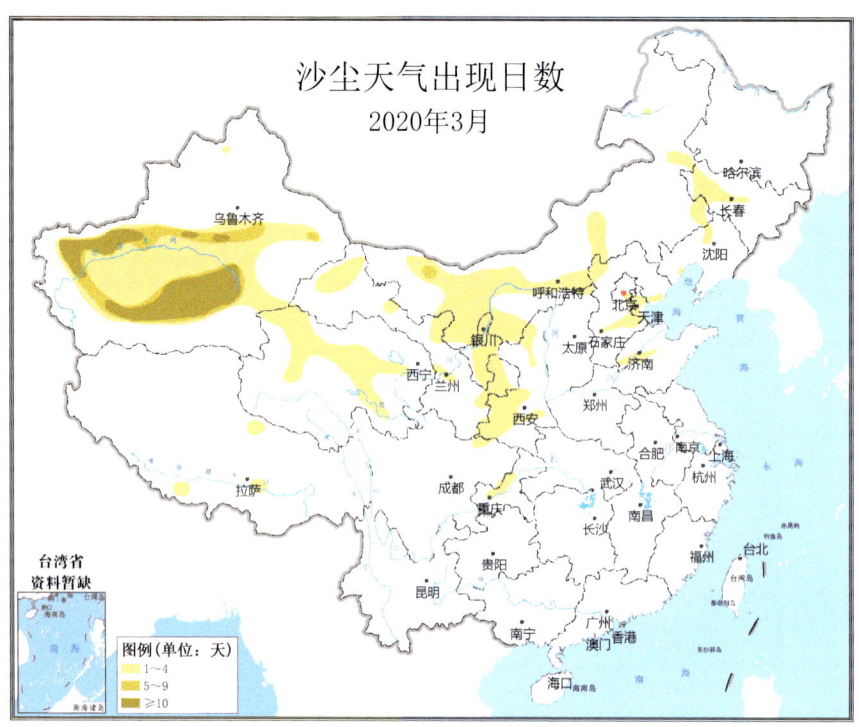

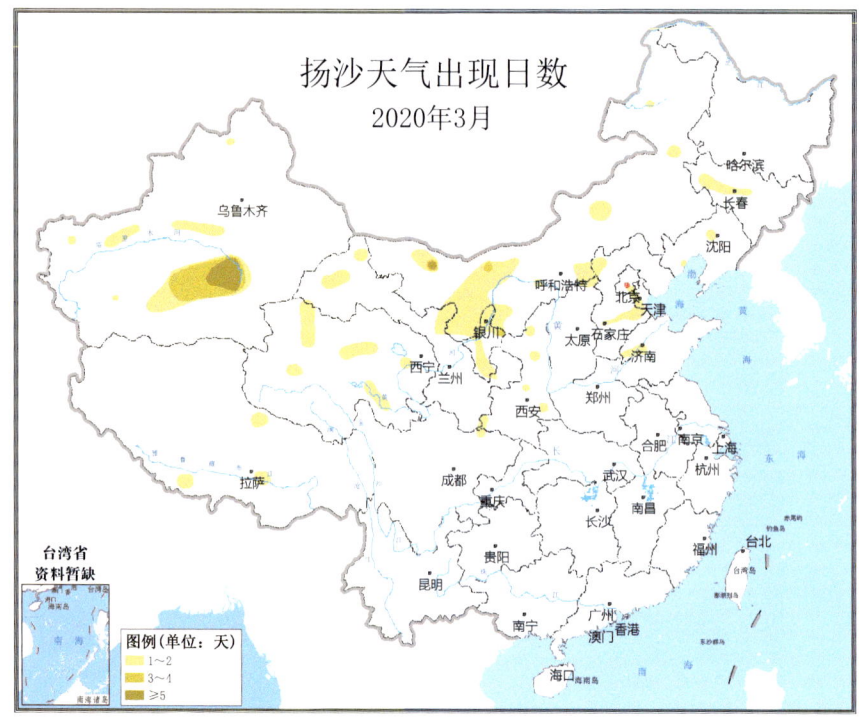

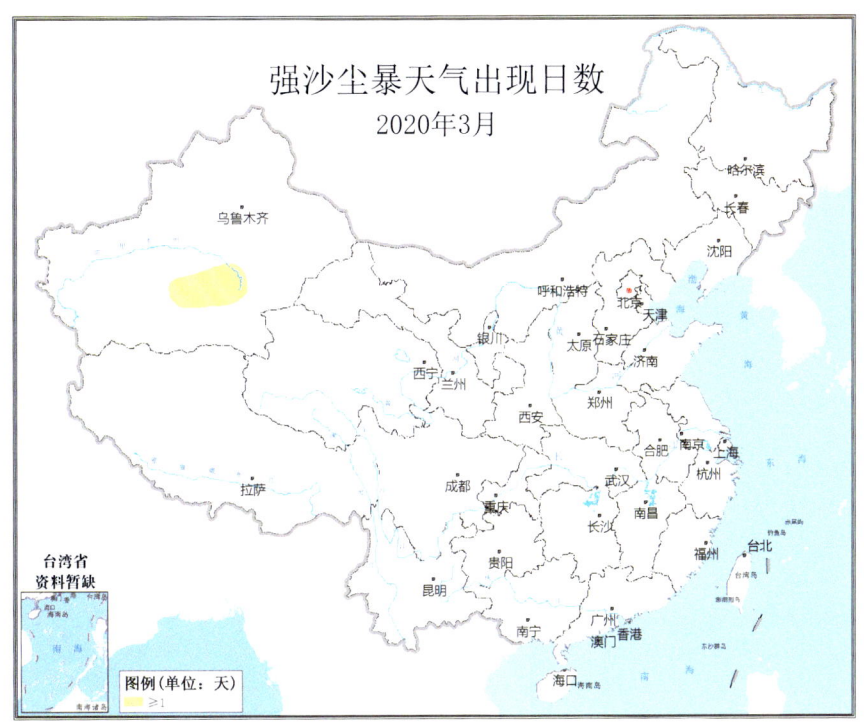

沙尘暴天气出现日数
2020年3月

台湾省
资料暂缺

图例（单位：天）
1～2
≥3

强沙尘暴天气出现日数
2020年3月

台湾省
资料暂缺

图例（单位：天）
≥1

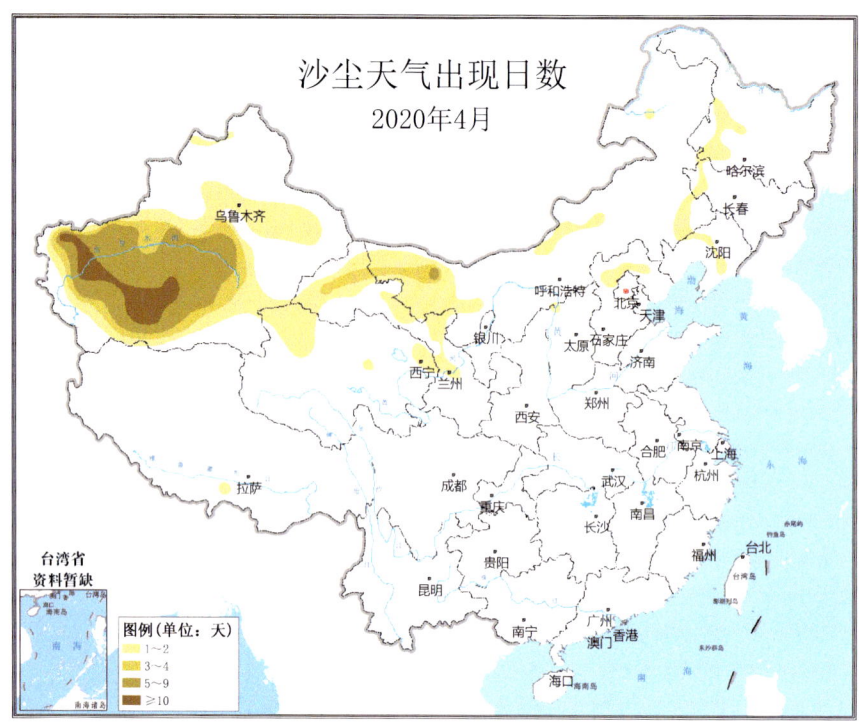

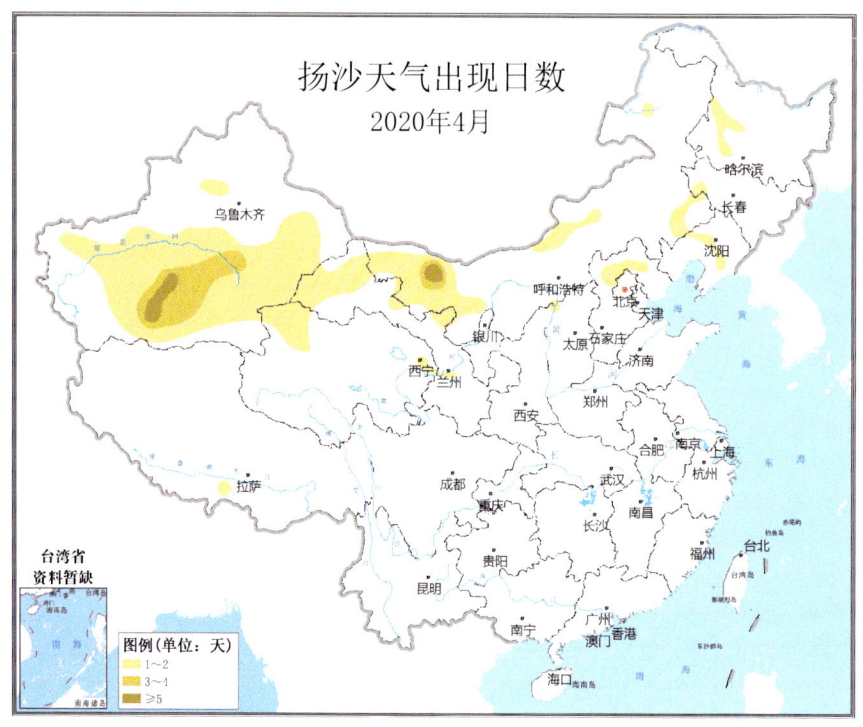

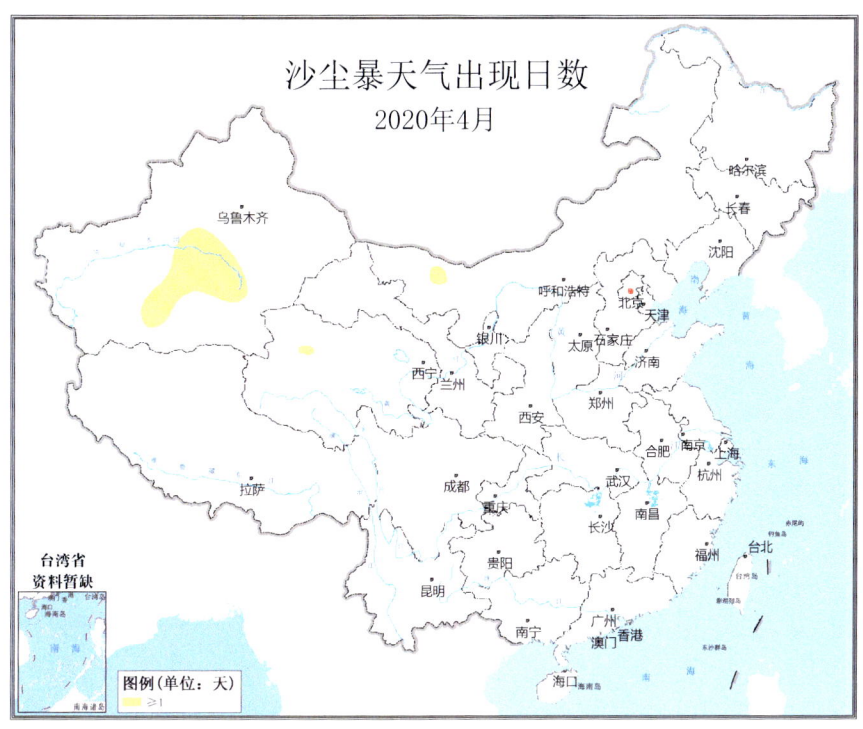

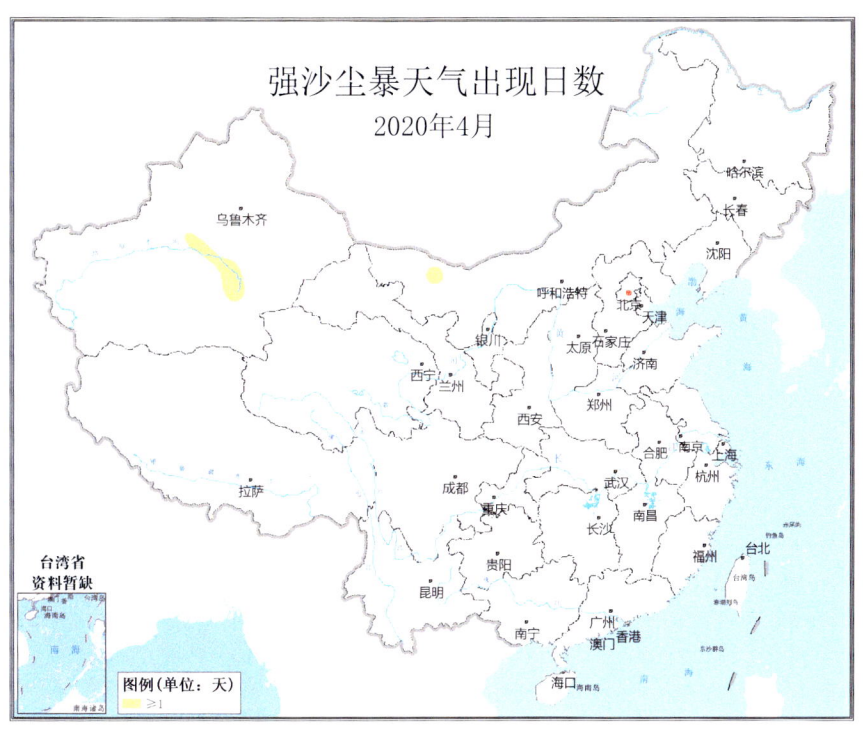

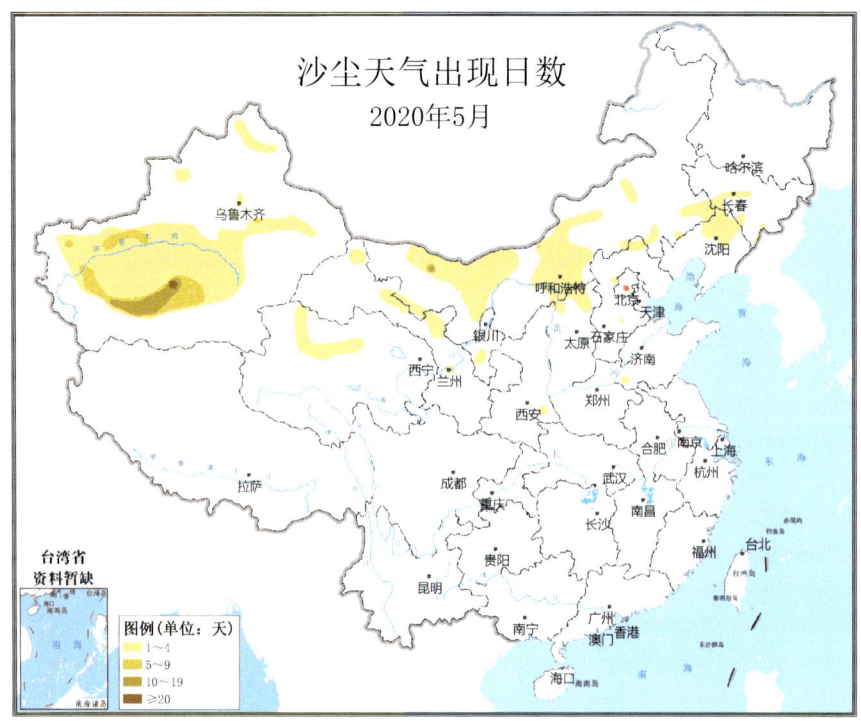

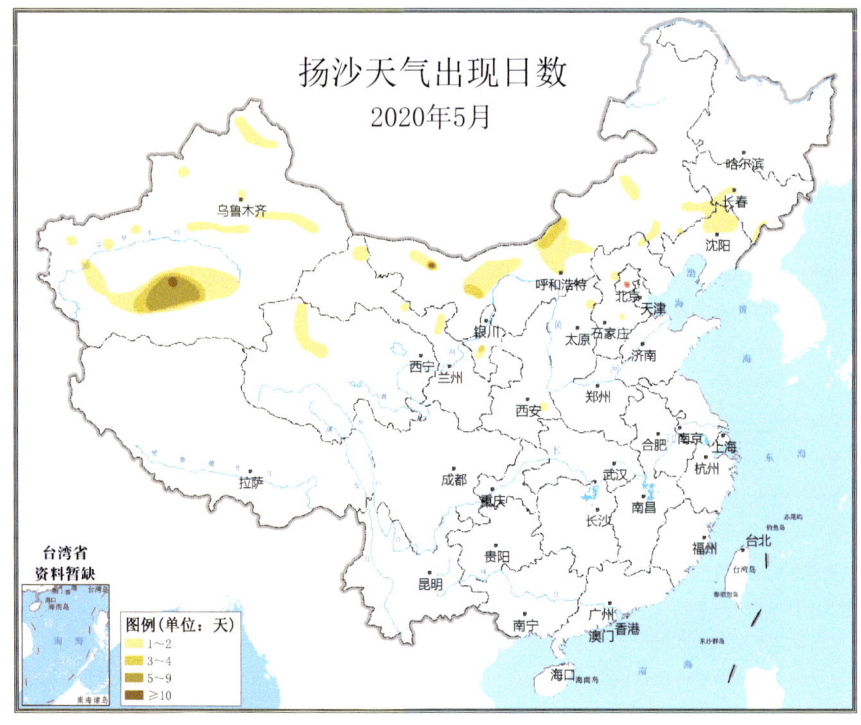

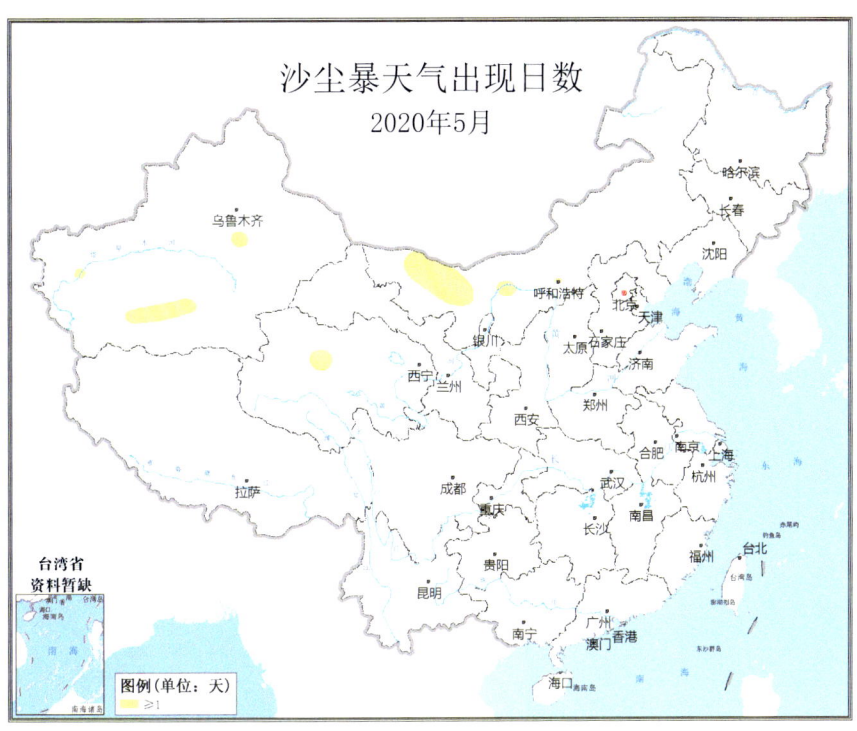

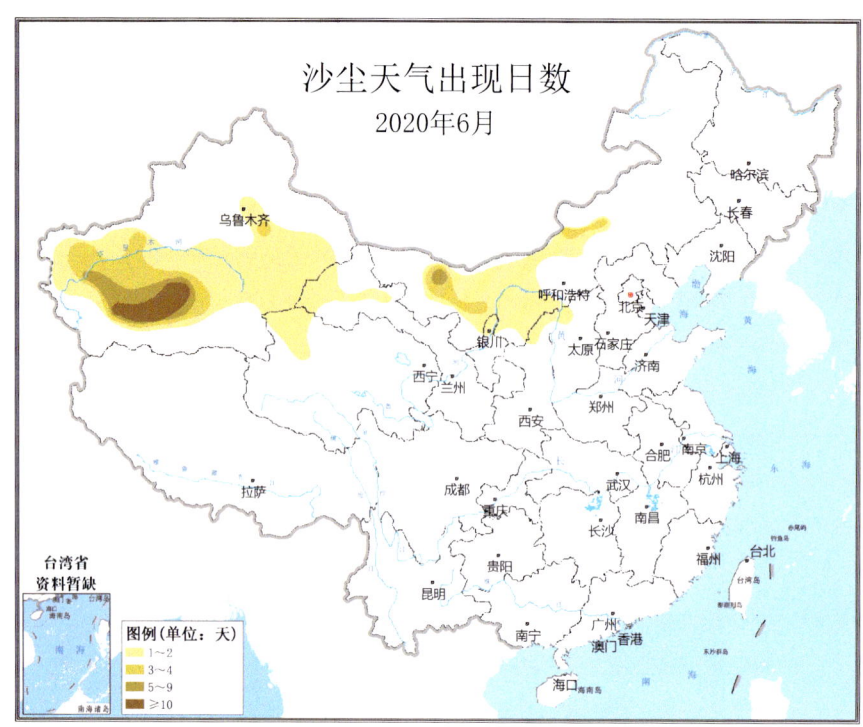

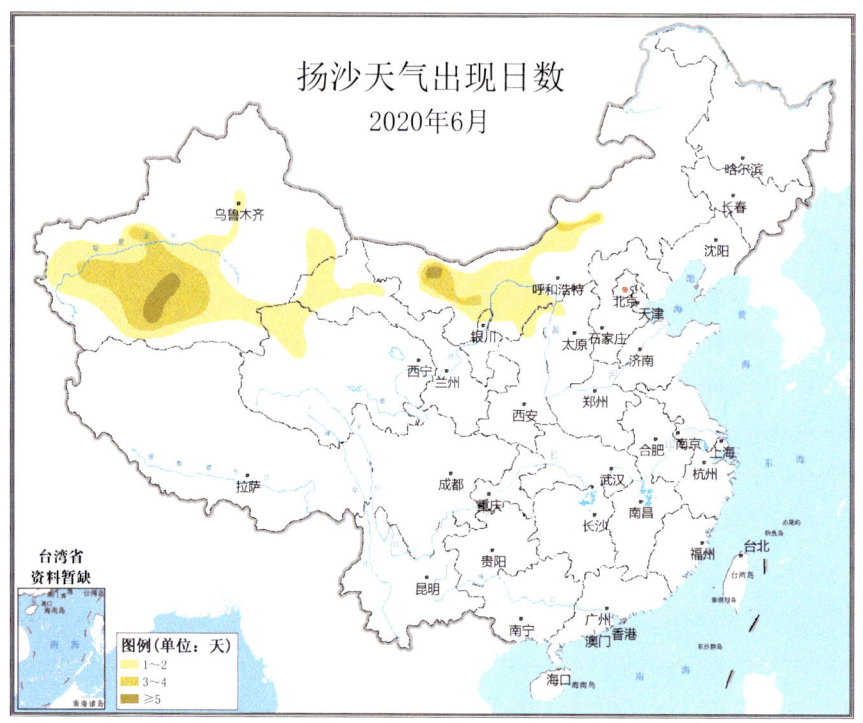

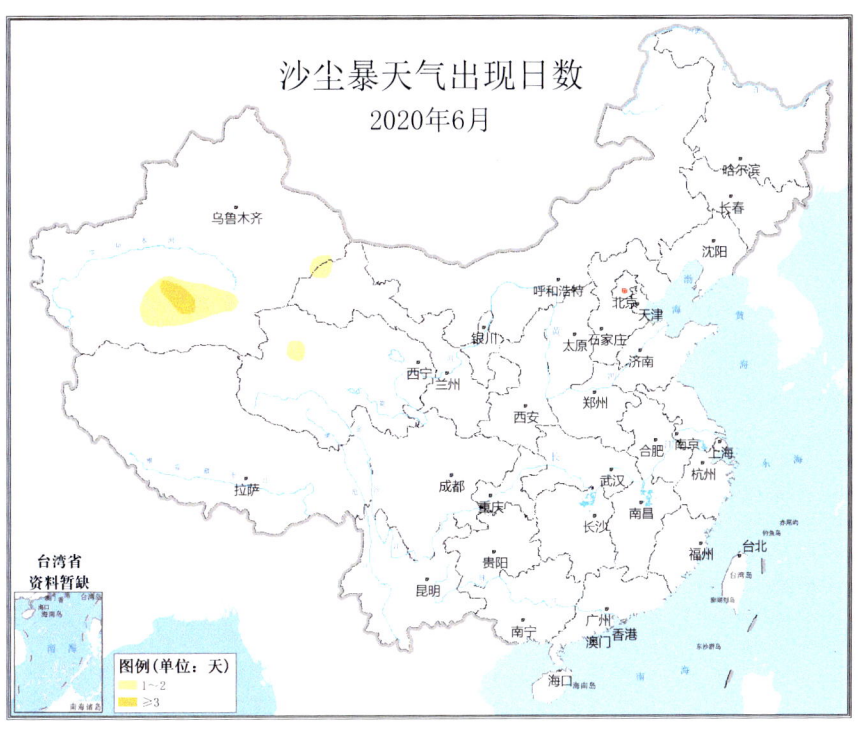

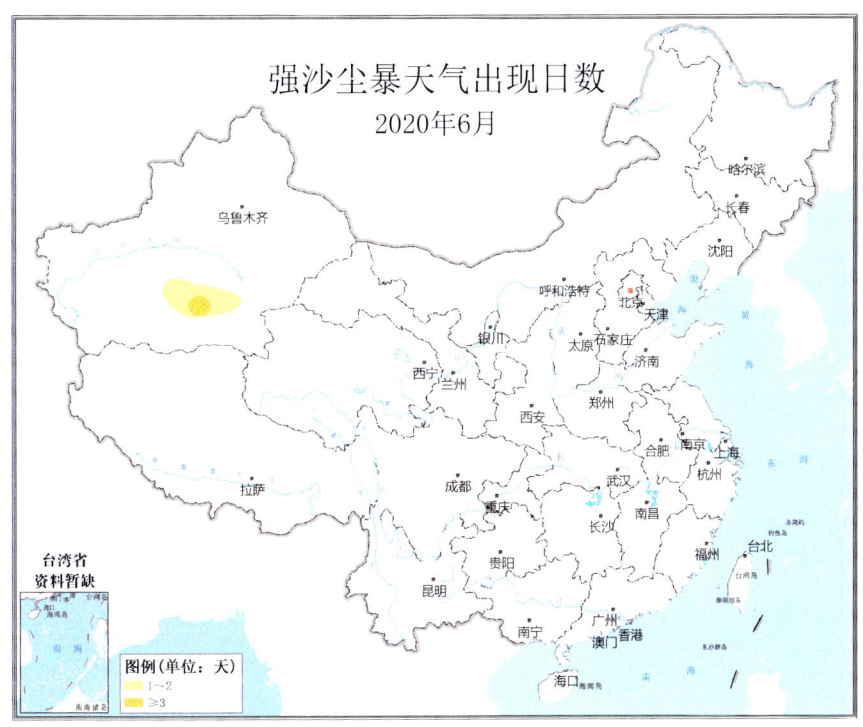

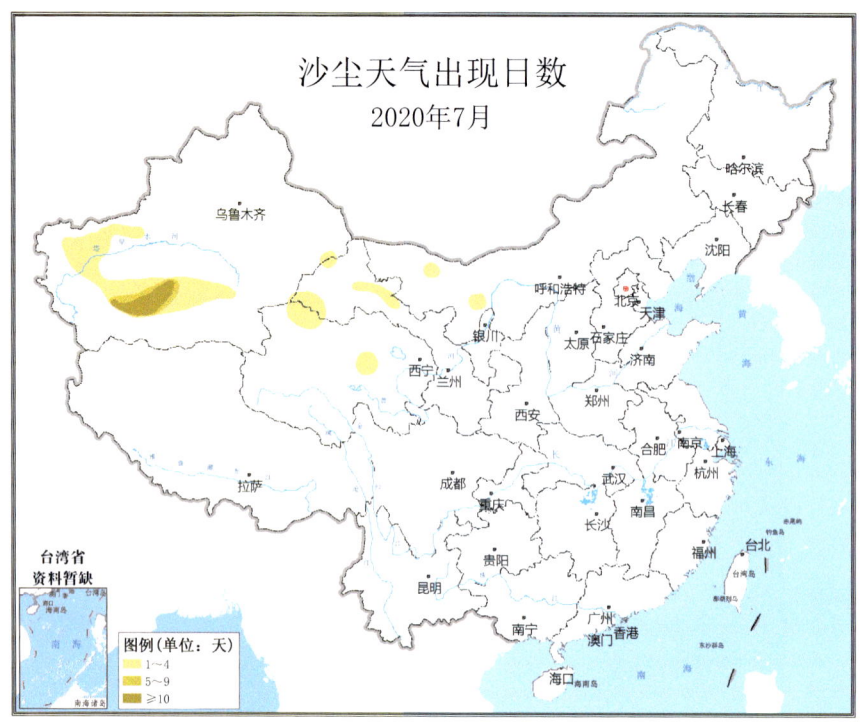

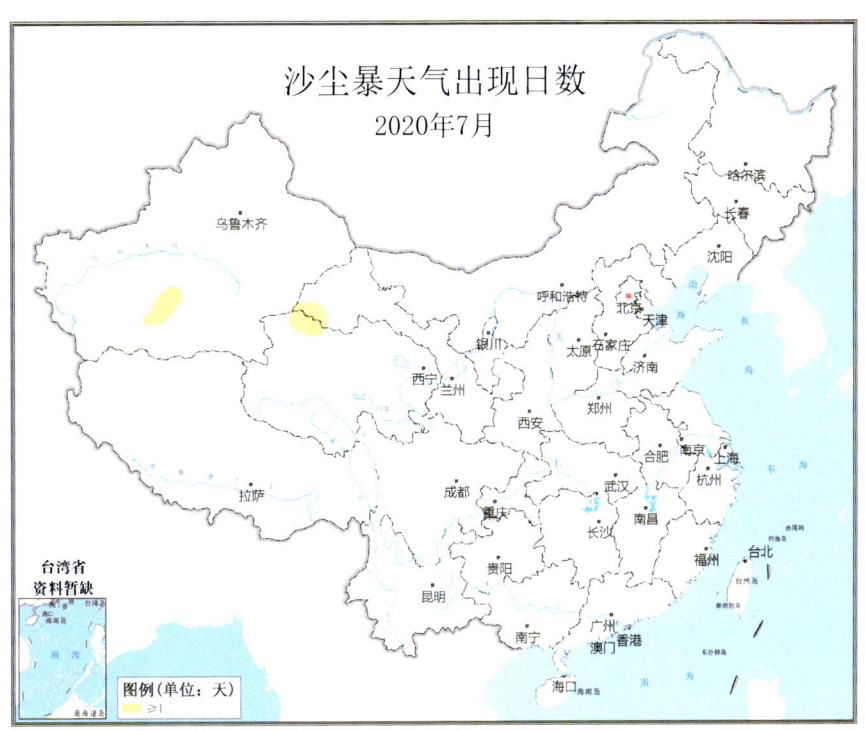

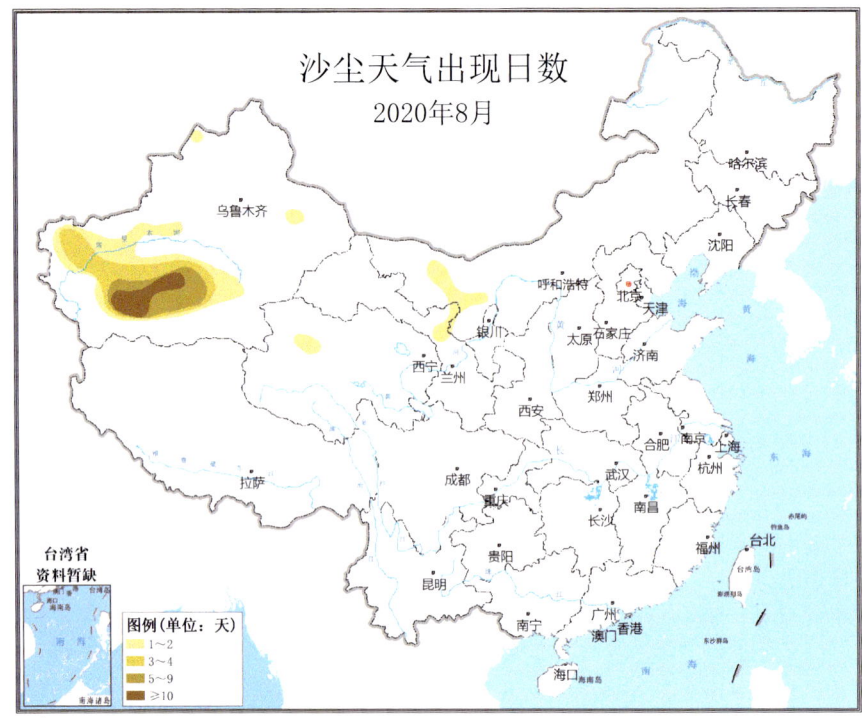

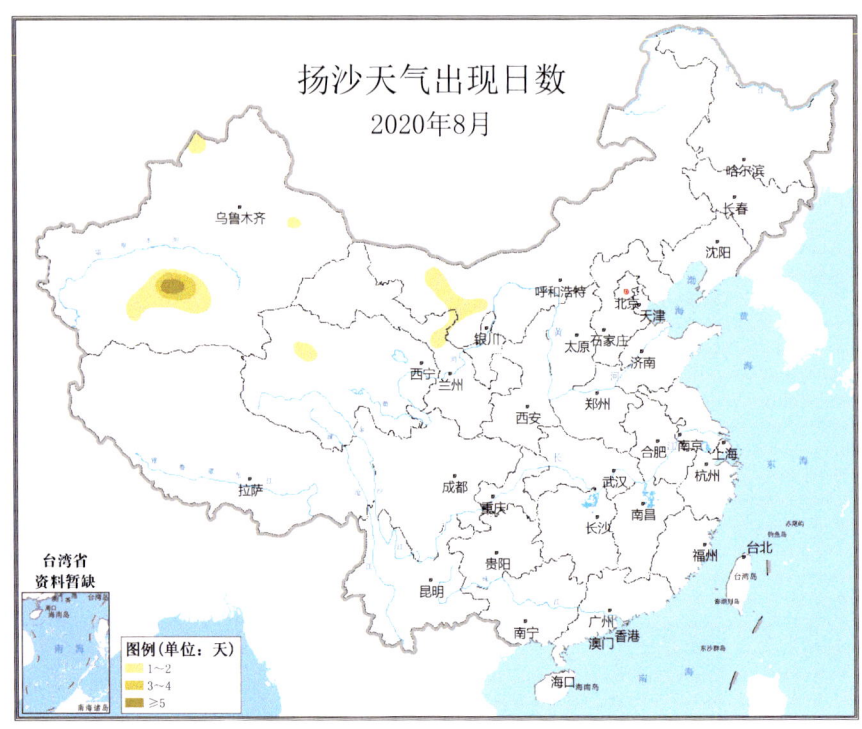

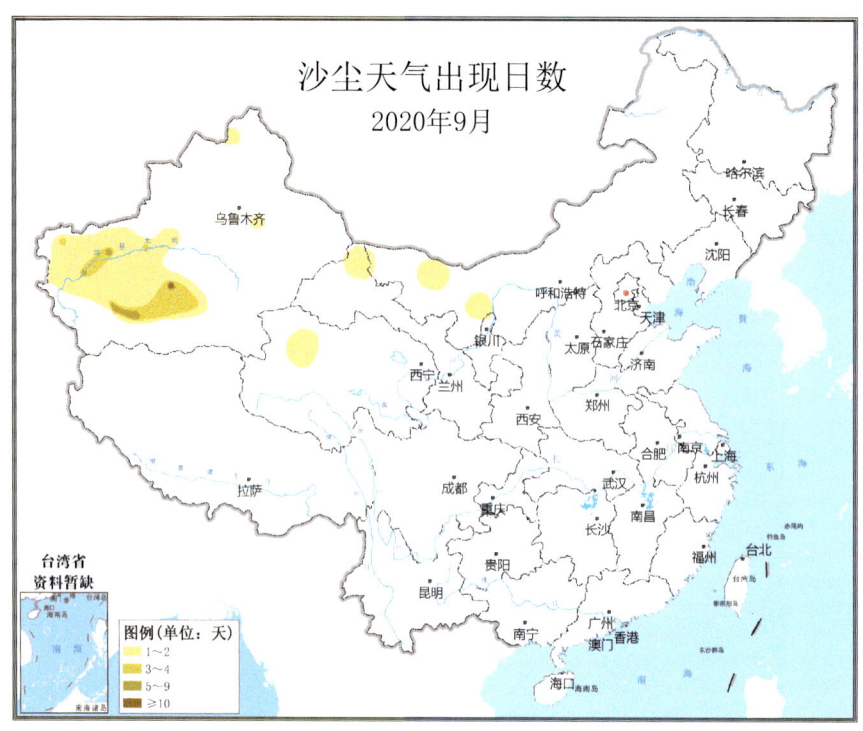

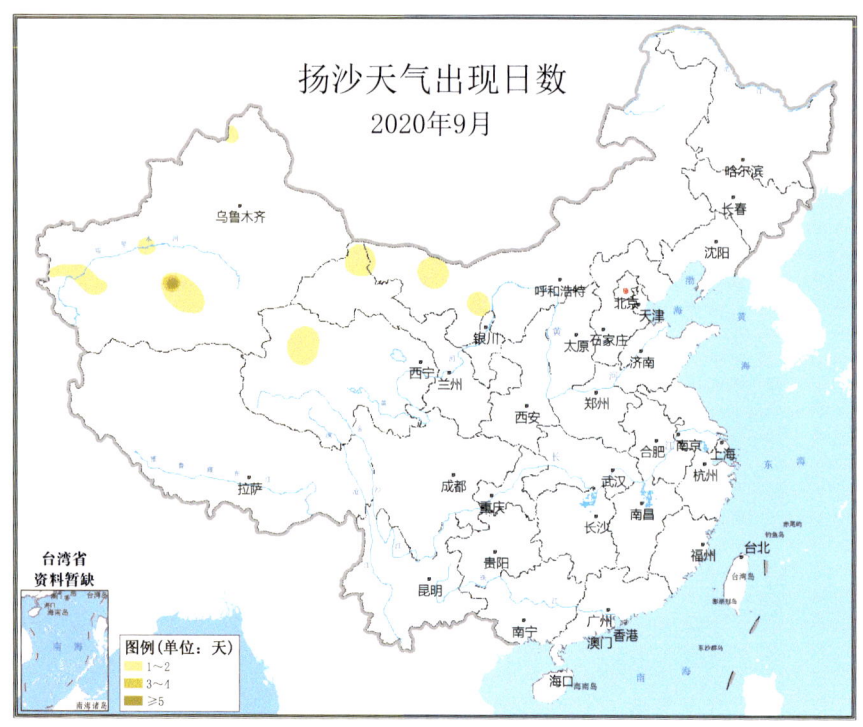

沙尘暴天气出现日数
2020年9月

台湾省
资料暂缺

图例(单位：天)
≥1

强沙尘暴天气出现日数
2020年9月

无强沙尘暴

台湾省
资料暂缺

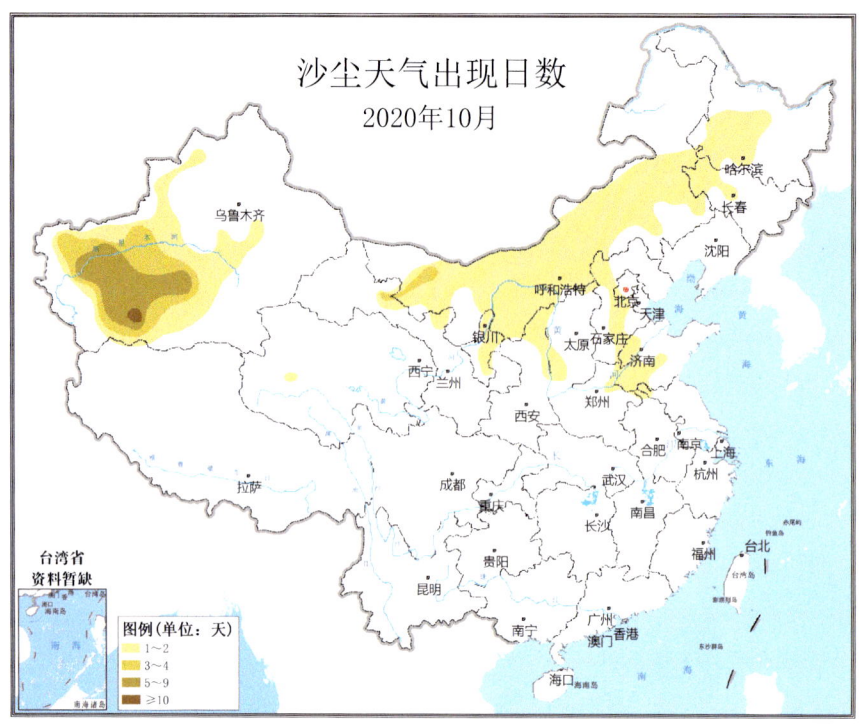

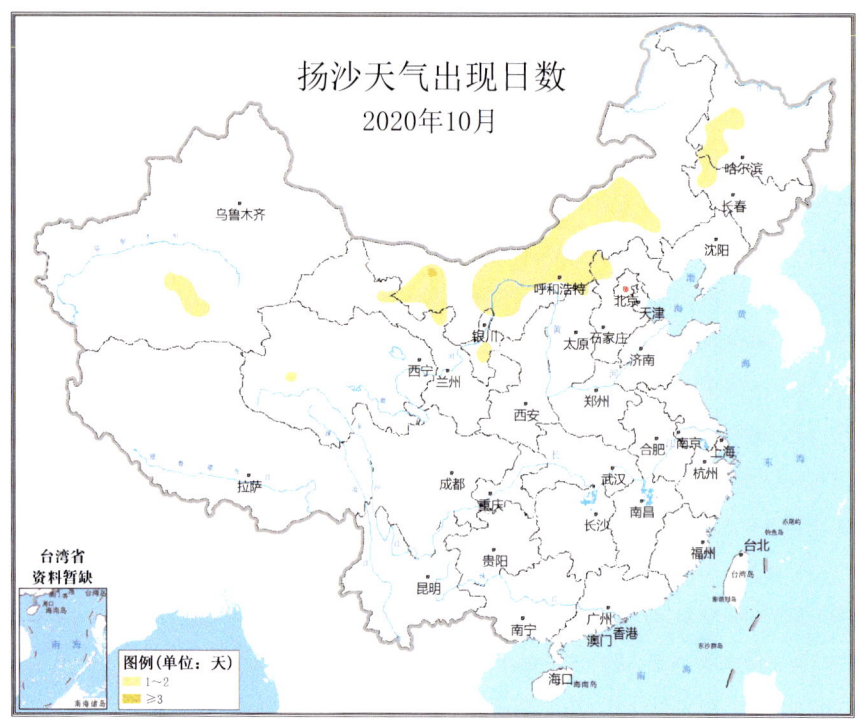

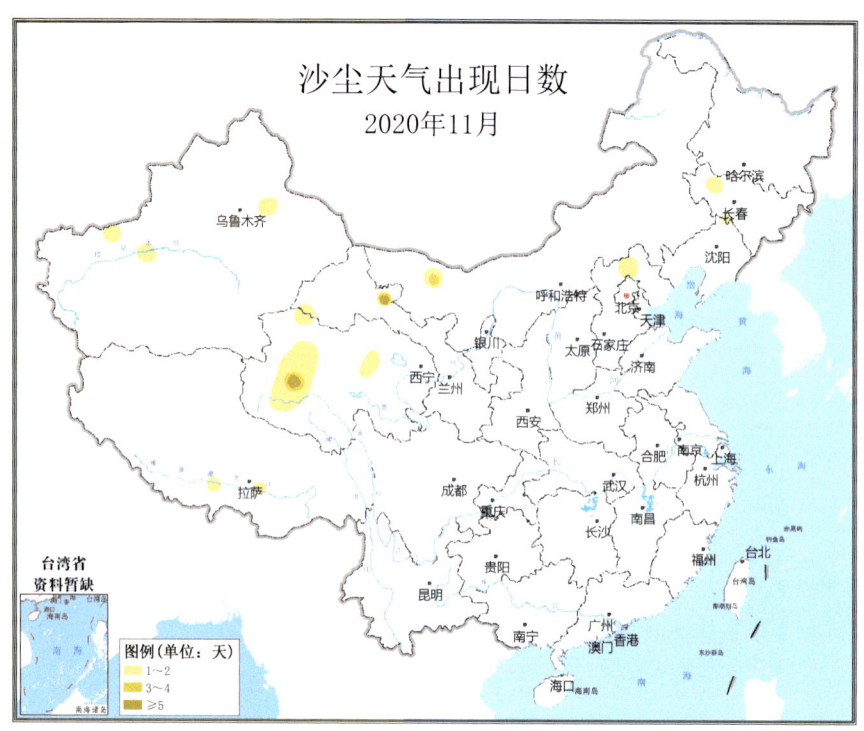

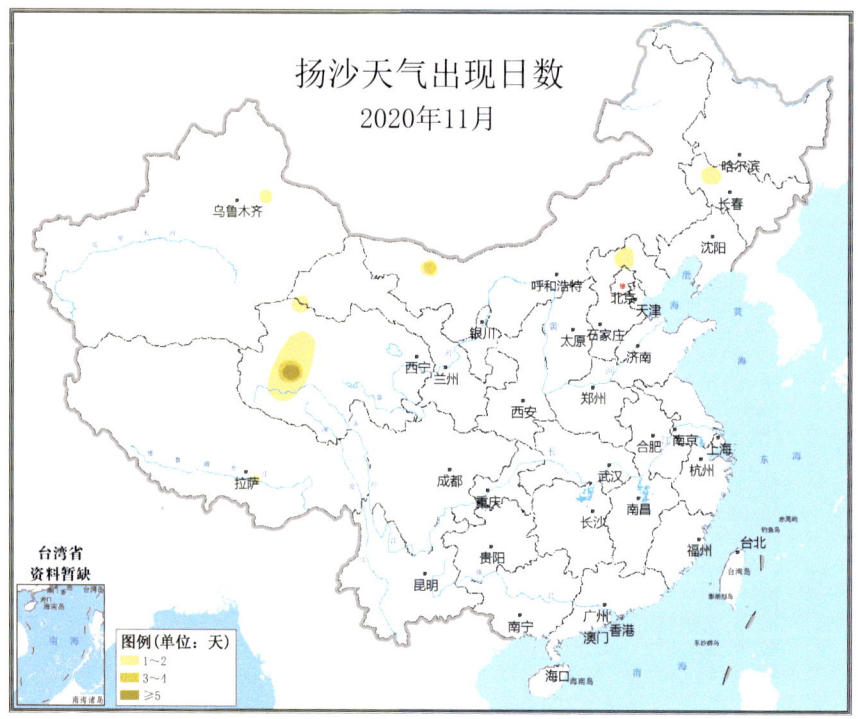

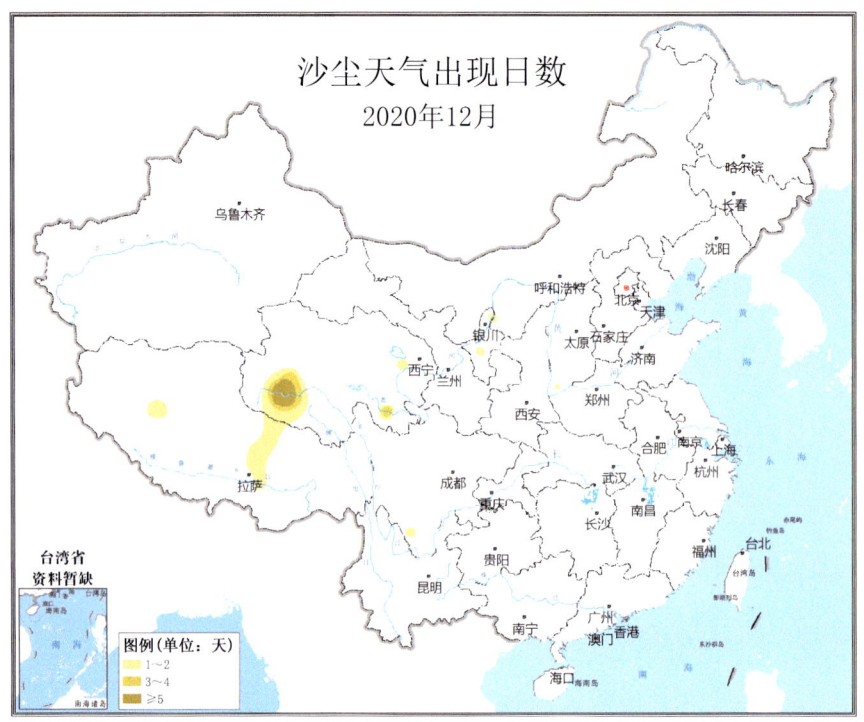

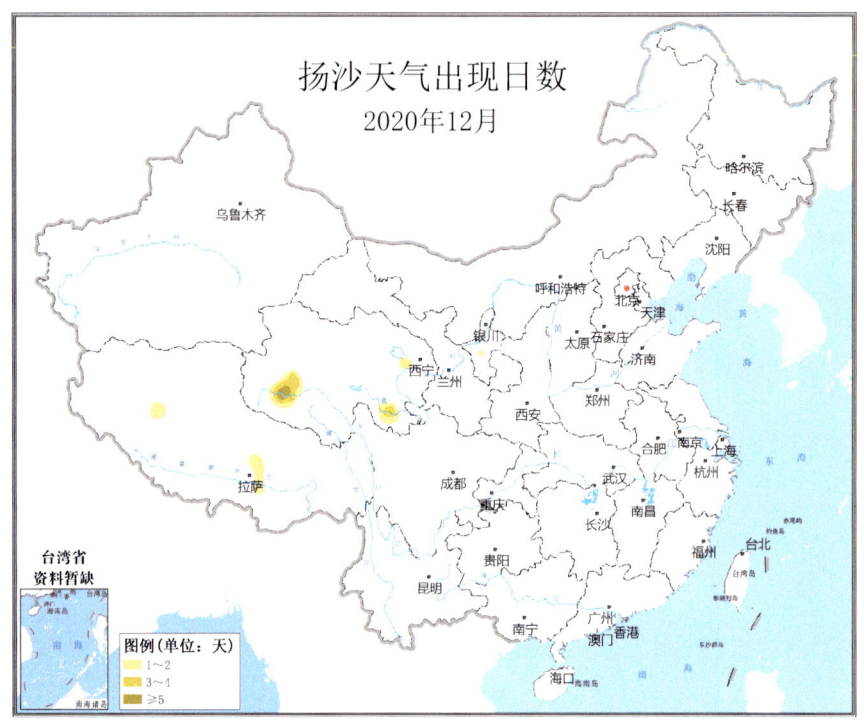

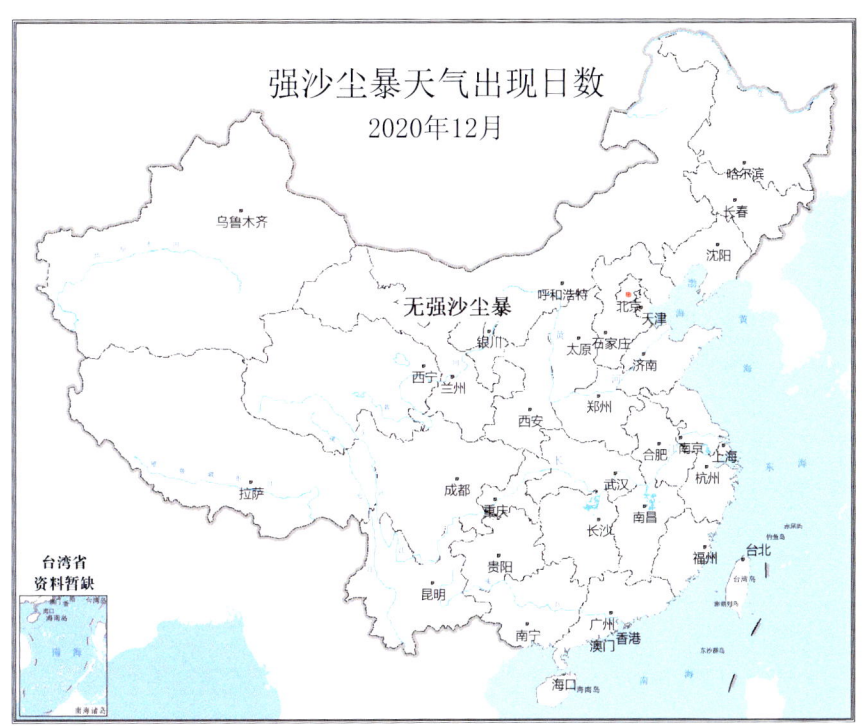

5 2020年沙尘天气过程图表

5.1 2月13—15日沙尘暴天气过程

5.1.1 沙尘天气过程描述

起止时间	2月13—15日
类 型	沙尘暴天气过程
最大风速(单位:m/s) 及出现站点	16 青海:托勒
最小能见度(单位:km) 及出现地点	0.2 新疆:若羌
沙尘路径	偏西路径型
沙尘暴范围	新疆南疆盆地东部
强沙尘暴站点	新疆:且末、若羌
影响系统	地面冷锋、蒙古气旋

5.1.2 沙尘天气范围图

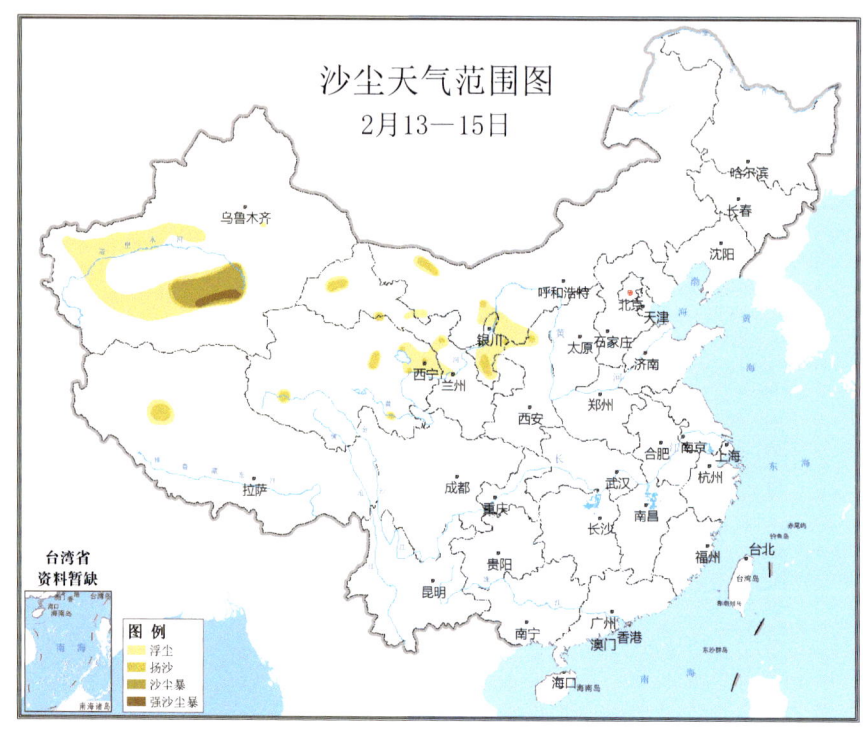

5.1.3　2020 年 2 月 13 日 20 时 500 hPa 环流形势图

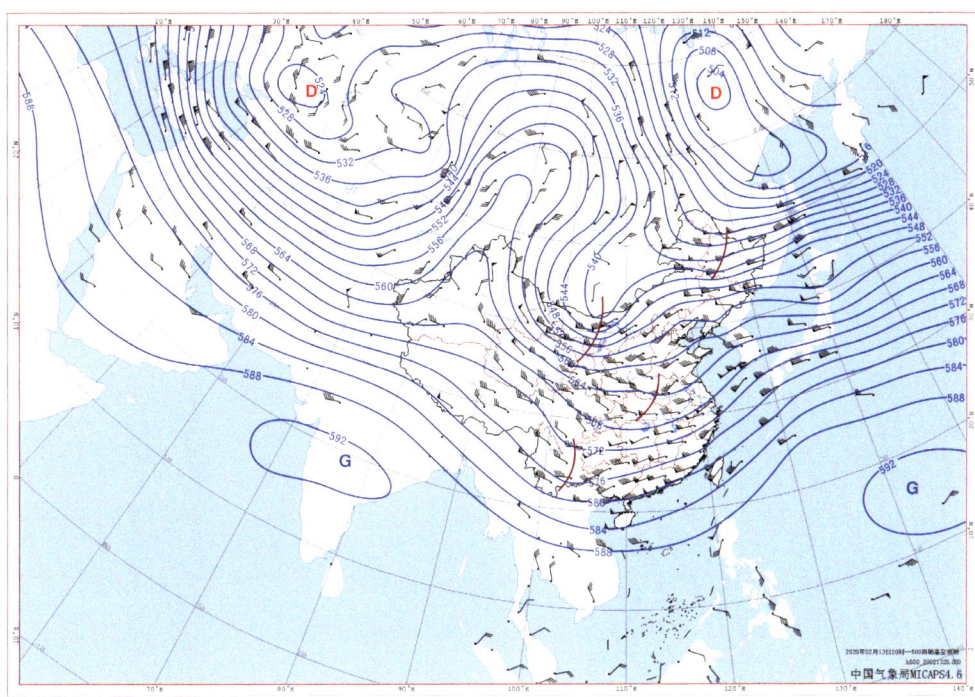

5.1.4　2020 年 2 月 13 日 20 时地面天气图

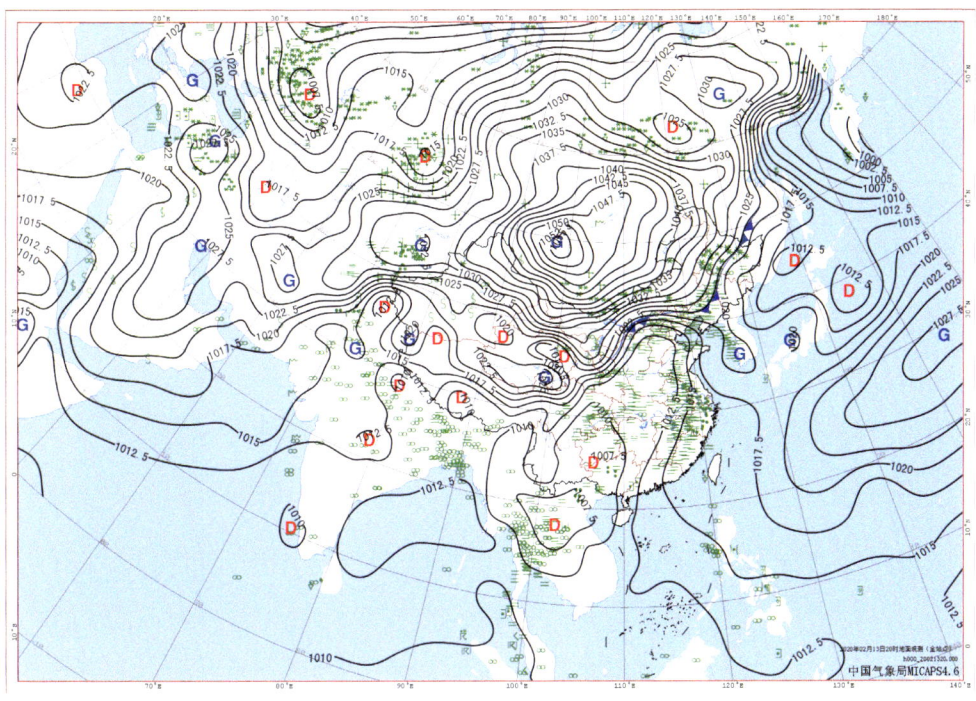

5.1.5 气象卫星监测图

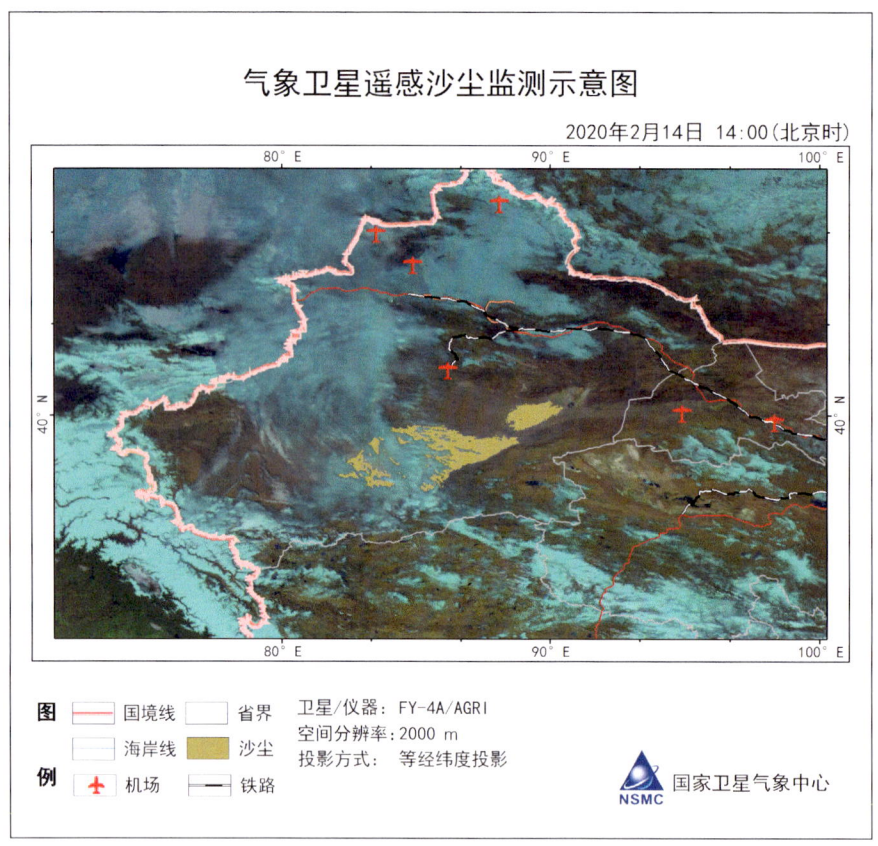

5.2 3月8—10日强沙尘暴天气过程

5.2.1 沙尘天气过程描述

起止时间	3月8—10日
类　型	强沙尘暴天气过程
最大风速(单位：m/s) 及出现站点	12 新疆：焉耆
最小能见度(单位：km) 及出现站点	0.2 新疆：塔中
沙尘路径	偏西路径型
沙尘暴范围	新疆南疆盆地东部
强沙尘暴站点	新疆：塔中、且末、铁干里克
影响系统	地面冷锋

5.2.2　沙尘天气范围图

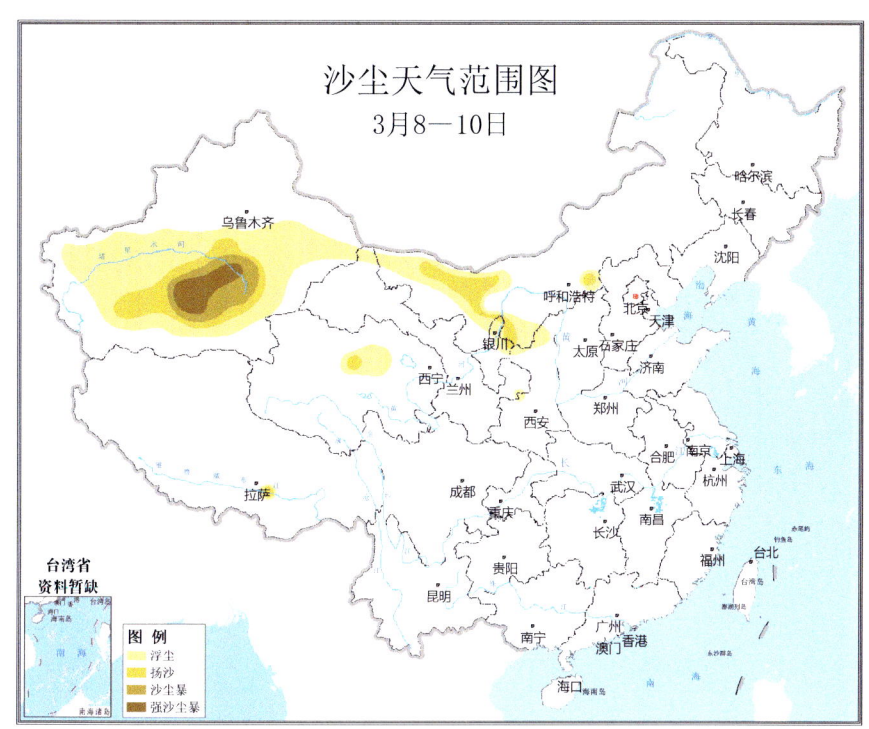

5.2.3　2020 年 3 月 8 日 20 时 500 hPa 环流形势图

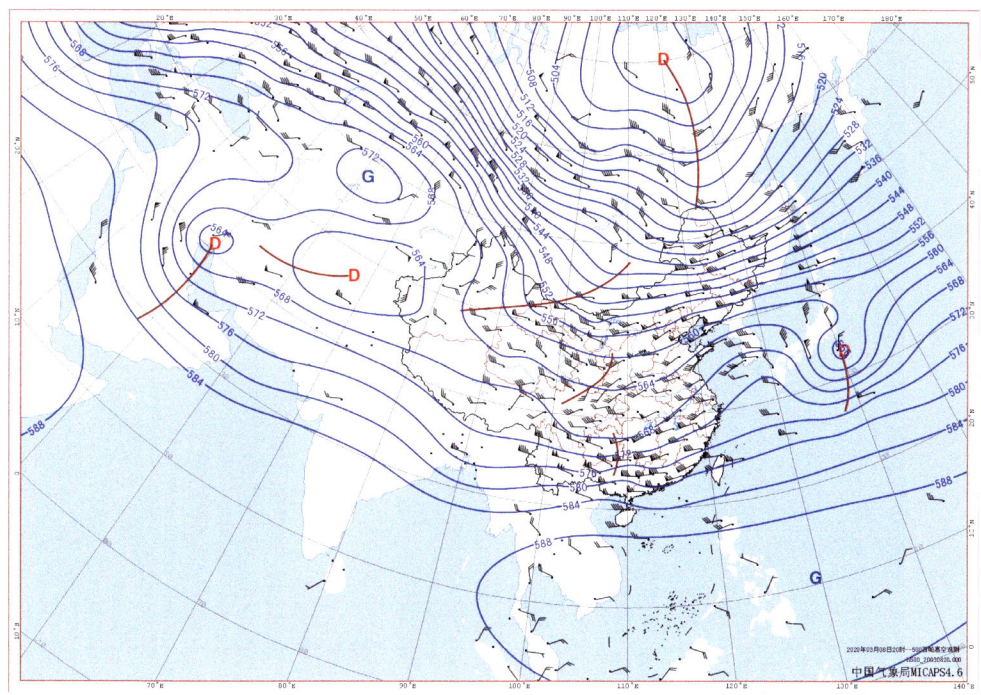

5.2.4 2020年3月8日20时地面天气图

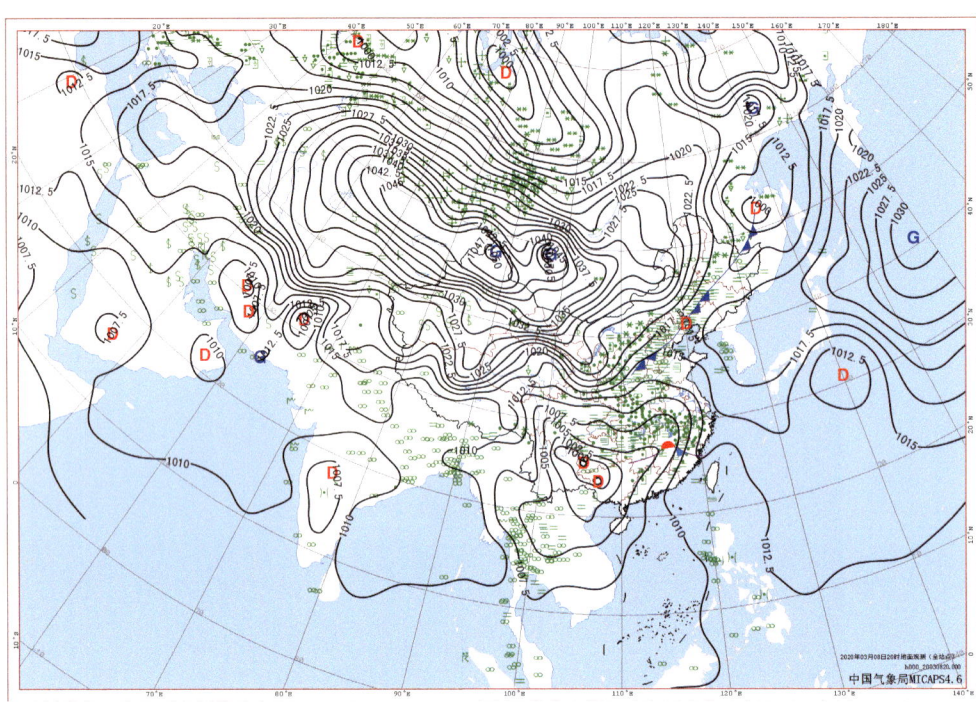

5.2.5 气象卫星监测图

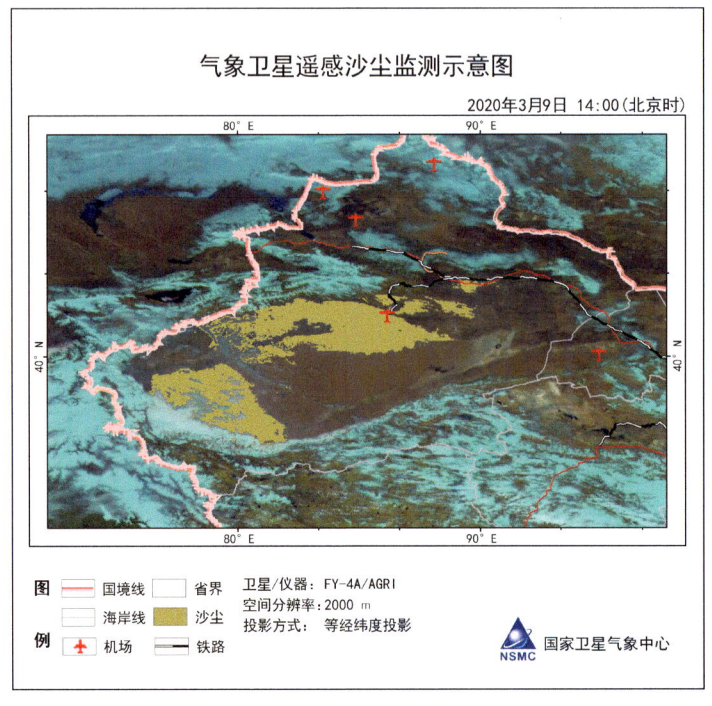

5.3 3月12日扬沙天气过程

5.3.1 沙尘天气过程描述

起止时间	3月12日
类　型	扬沙天气过程
最大风速（单位：m/s）及出现站点	15 青海：五道梁
最小能见度（单位：km）及出现站点	1 新疆：且末
沙尘路径	局地型
沙尘暴站点	/
强沙尘暴站点	/
影响系统	地面冷锋

5.3.2 沙尘天气范围图

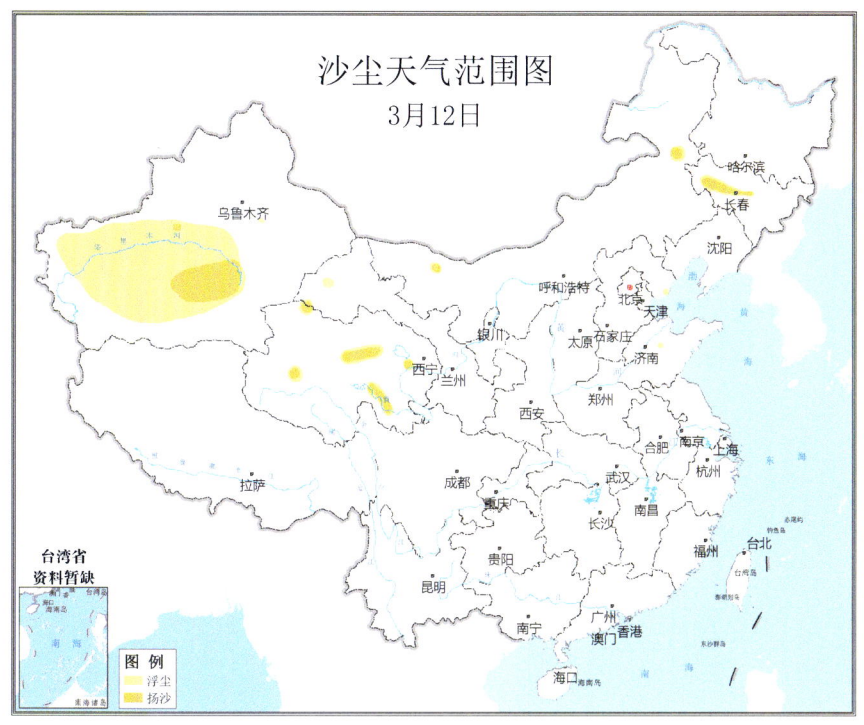

5.3.3 2020 年 3 月 12 日 08 时 500 hPa 环流形势图

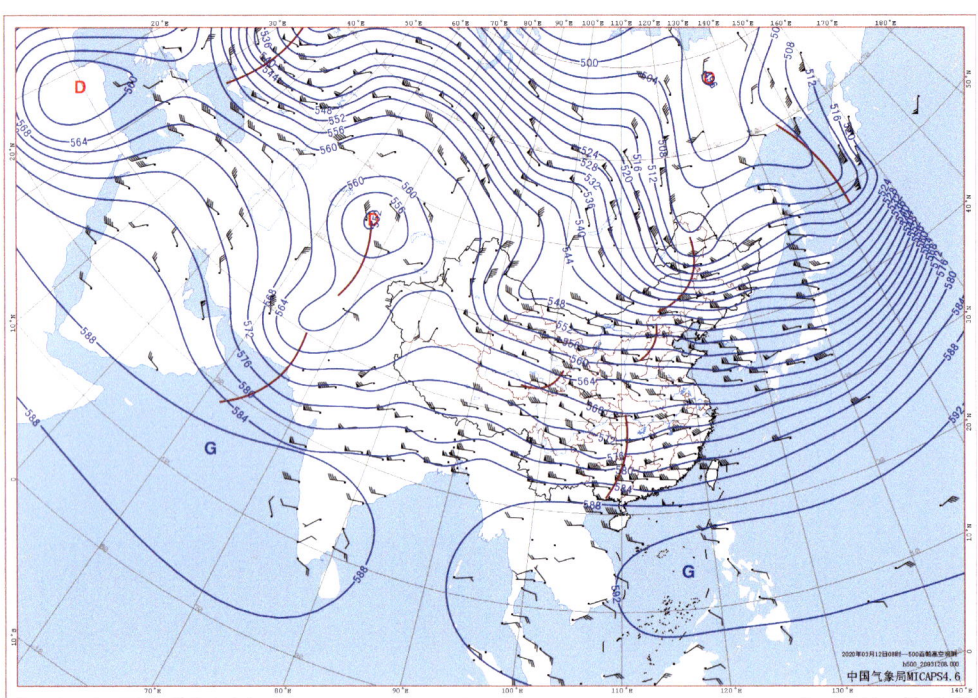

5.3.4 2020 年 3 月 12 日 08 时地面天气图

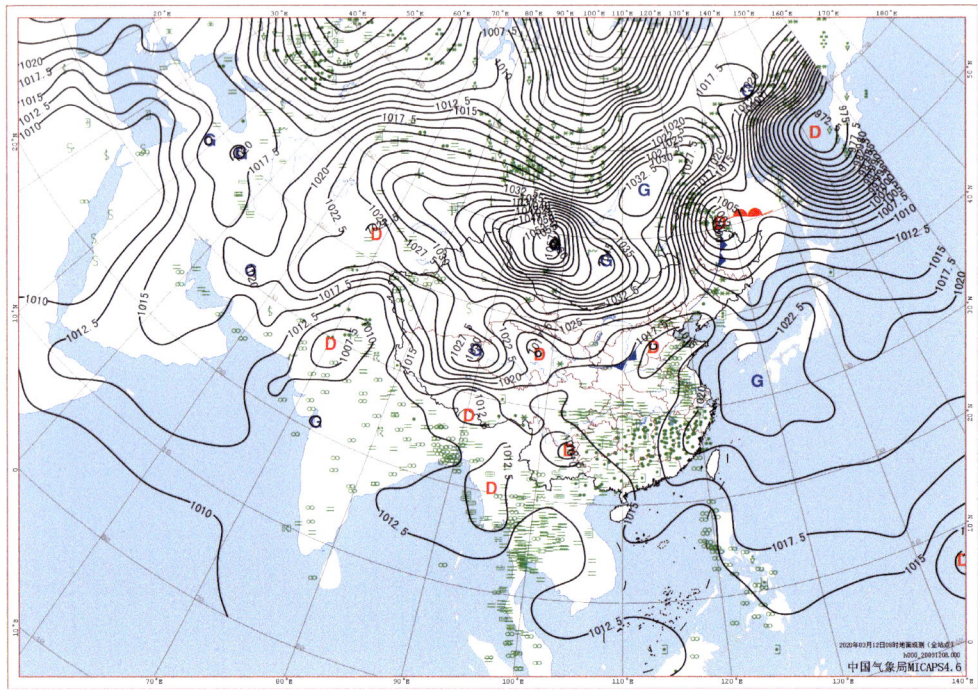

5.4 3月18日扬沙天气过程

5.4.1 沙尘天气过程描述

起止时间	3月18日
类　型	扬沙天气过程
最大风速(单位：m/s) 及出现站点	17 山东：泰山
最小能见度(单位：km) 及出现站点	0.7 甘肃：民勤
沙尘路径	西北路径型
沙尘暴站点	/
强沙尘暴站点	/
影响系统	地面冷锋

5.4.2 沙尘天气范围图

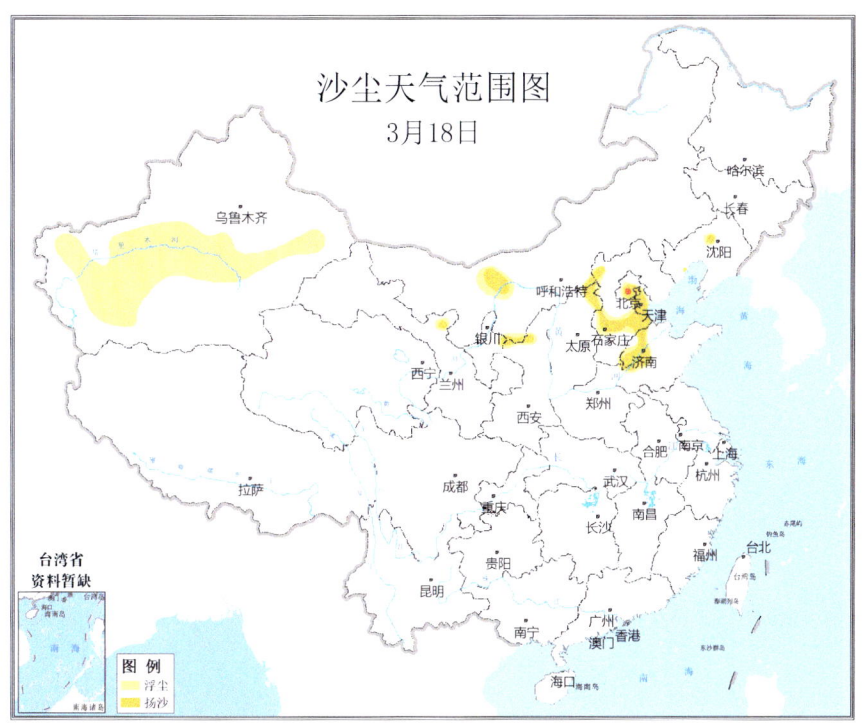

5.4.3　2020年3月18日20时500 hPa环流形势图

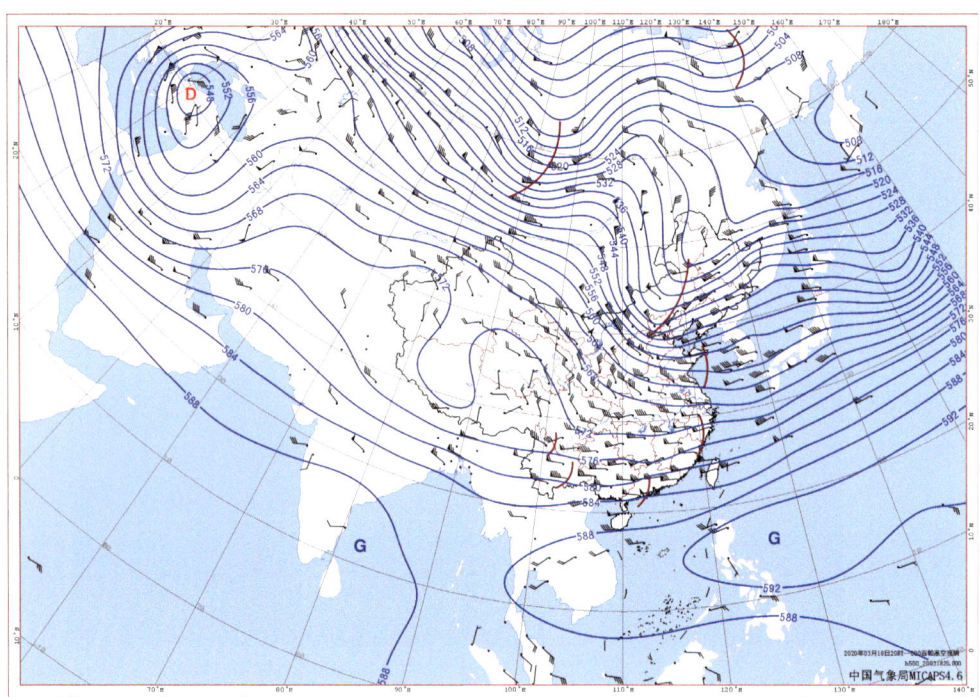

5.4.4　2020年3月18日20时地面天气图

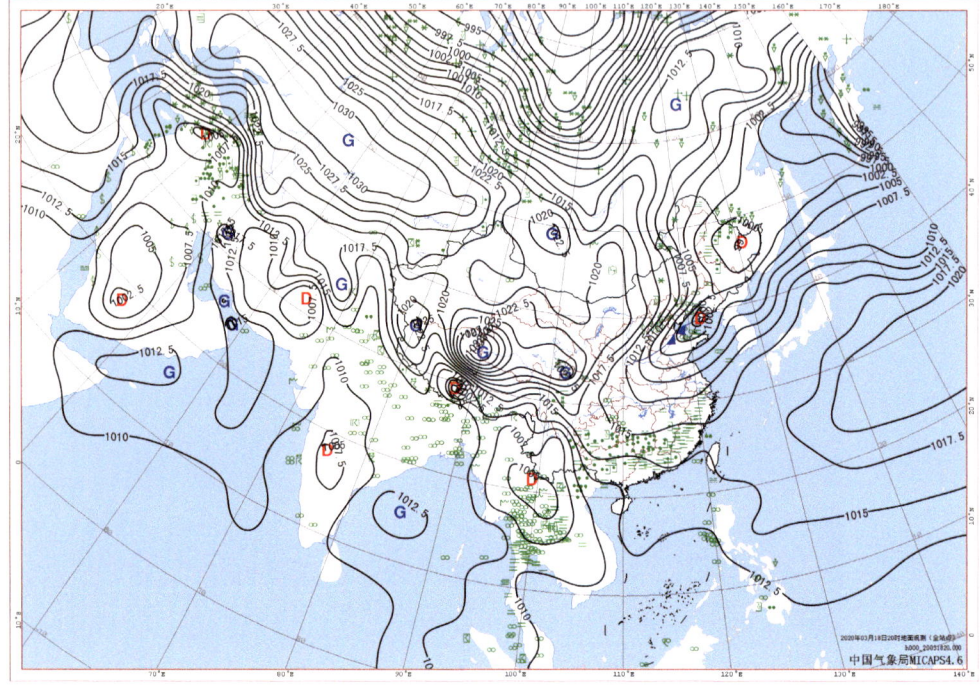

5.5　3月25—26日扬沙天气过程

5.5.1　沙尘天气过程描述

起止时间	3月25—26日
类　　型	扬沙天气过程
最大风速（单位：m/s）及出现站点	15 内蒙古：阿巴嘎旗
最小能见度（单位：km）及出现站点	0.2 新疆：于田、民丰、若羌
沙尘路径	偏西路径型
沙尘暴站点	新疆：铁干里克、且末
强沙尘暴站点	新疆：若羌
影响系统	地面冷锋

5.5.2　沙尘天气范围图

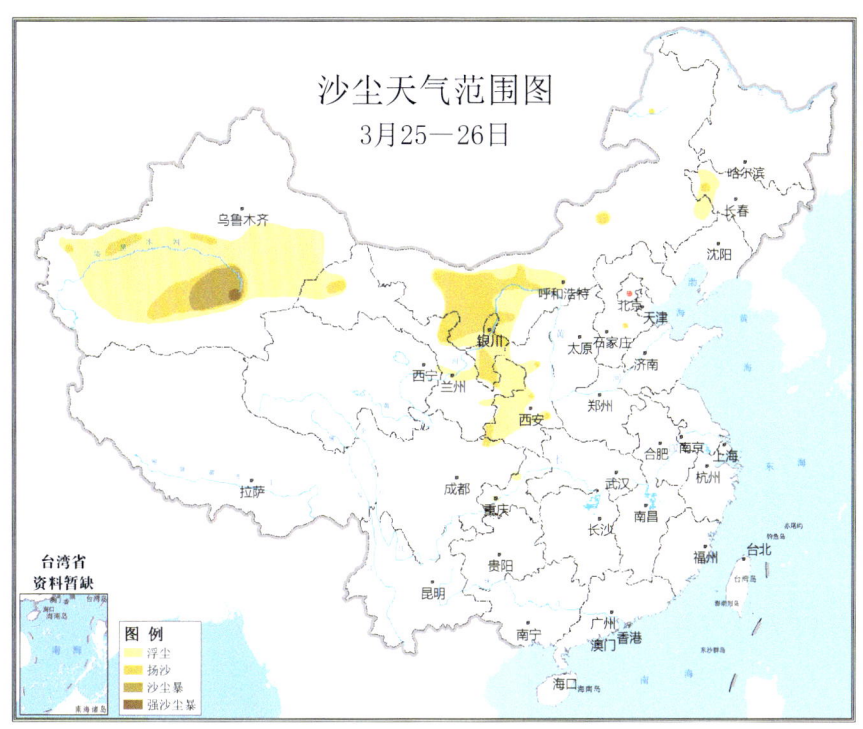

5.5.3 2020 年 3 月 25 日 20 时 500 hPa 环流形势图

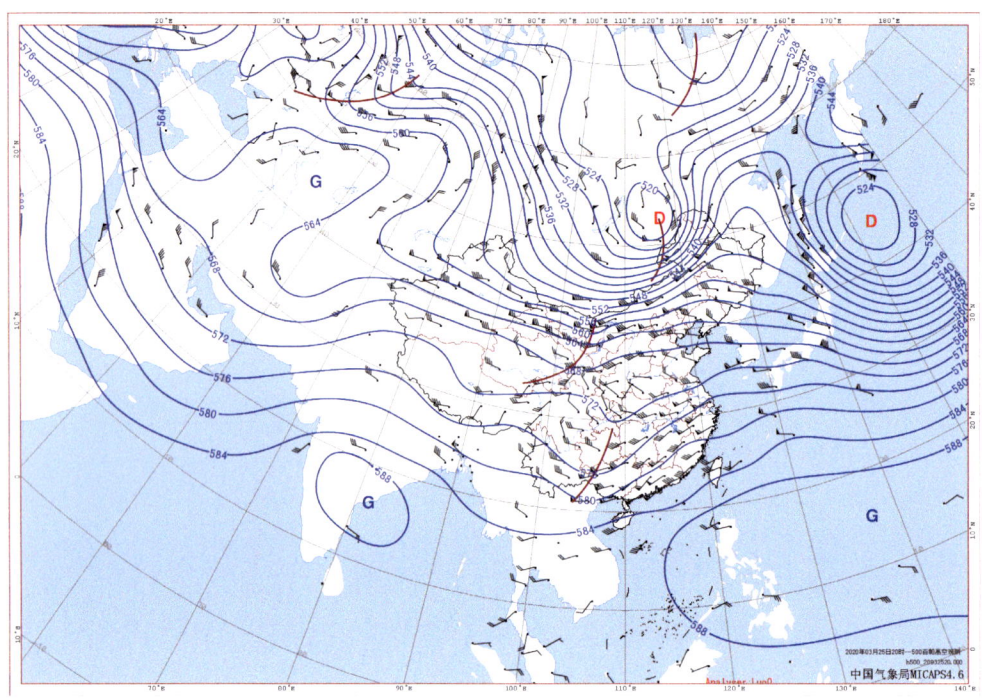

5.5.4 2020 年 3 月 25 日 20 时地面天气图

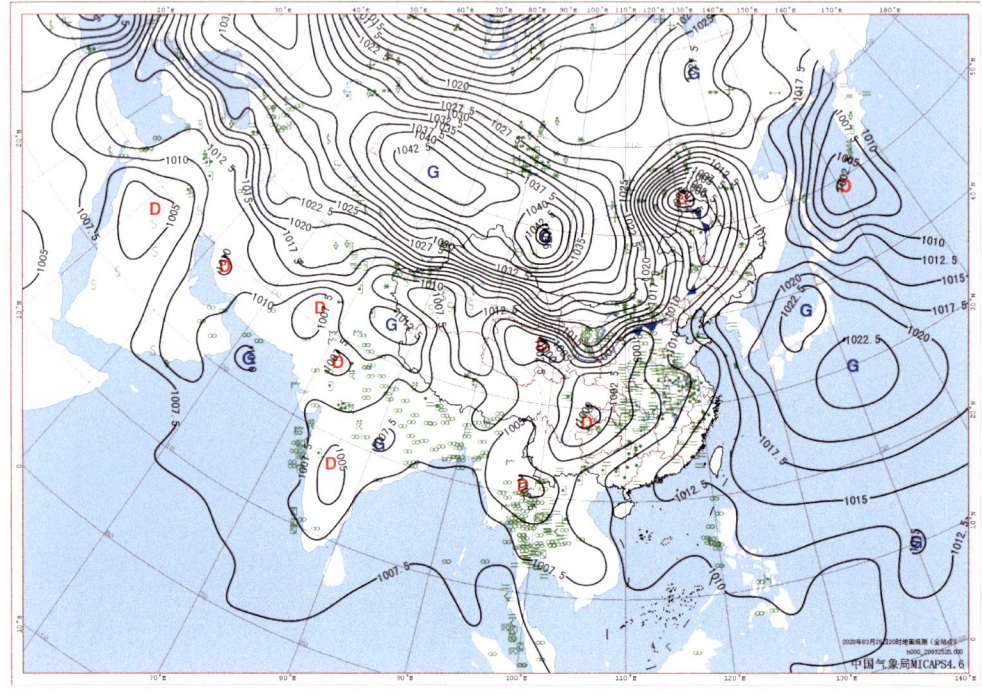

5.5.5 气象卫星监测图

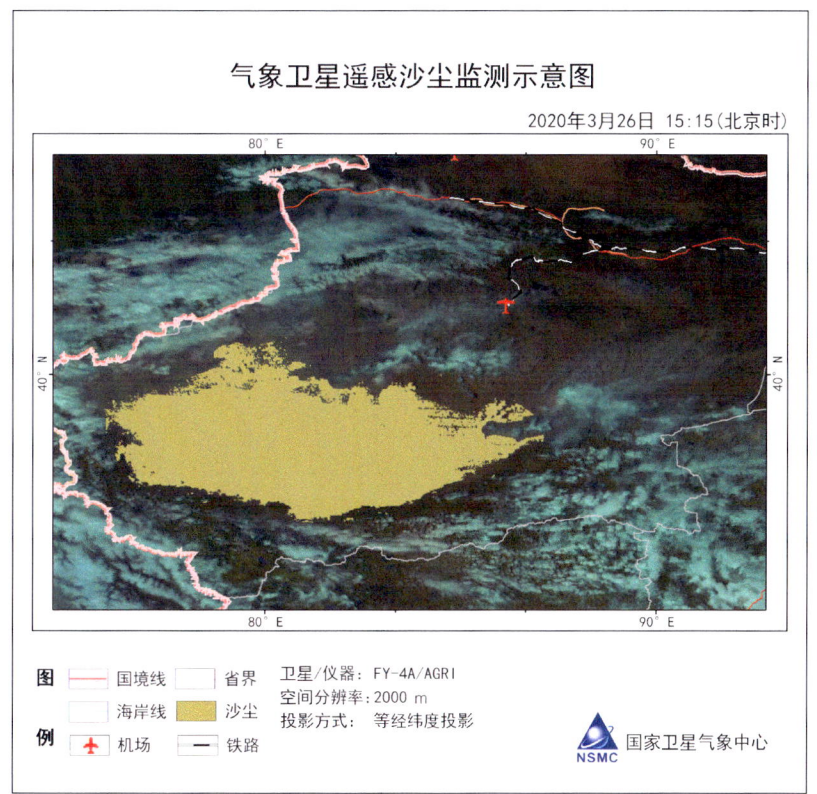

5.6 4月10—11日沙尘暴天气过程

5.6.1 沙尘天气过程描述

起止时间	4月10—11日
类　型	沙尘暴天气过程
最大风速(单位：m/s)及出现站点	19 新疆：七角井
最小能见度(单位：km)及出现站点	0.2 新疆：轮台
沙尘路径	新疆南疆盆地型
沙尘暴范围	新疆南疆盆地东部
强沙尘暴站点	新疆：若羌、轮台、铁干里克
影响系统	地面冷锋

5.6.2　沙尘天气范围图

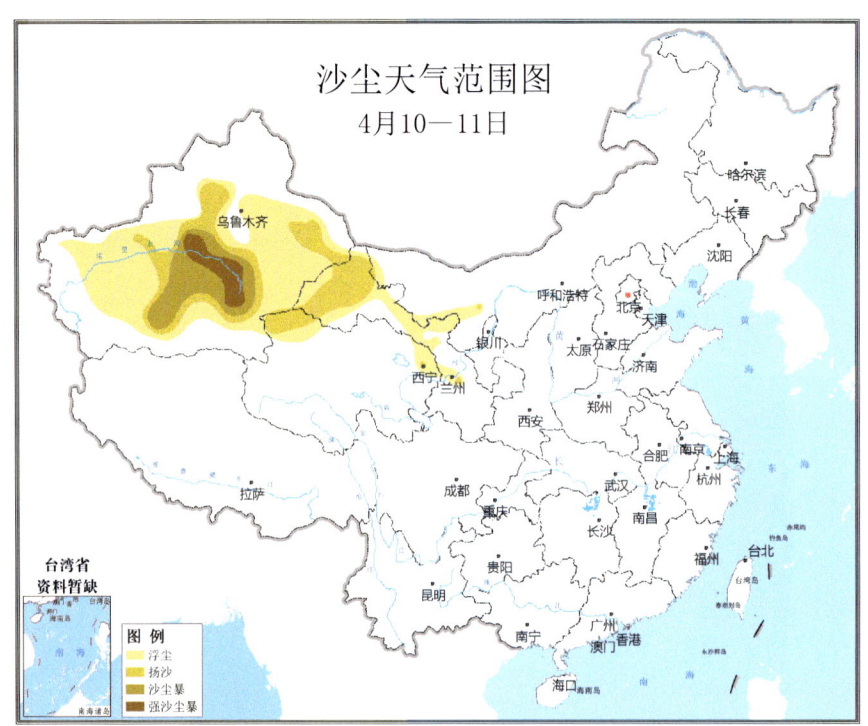

沙尘天气范围图
4月10—11日

台湾省
资料暂缺

图例
浮尘
扬沙
沙尘暴
强沙尘暴

5.6.3　2020 年 4 月 10 日 08 时 500 hPa 环流形势图

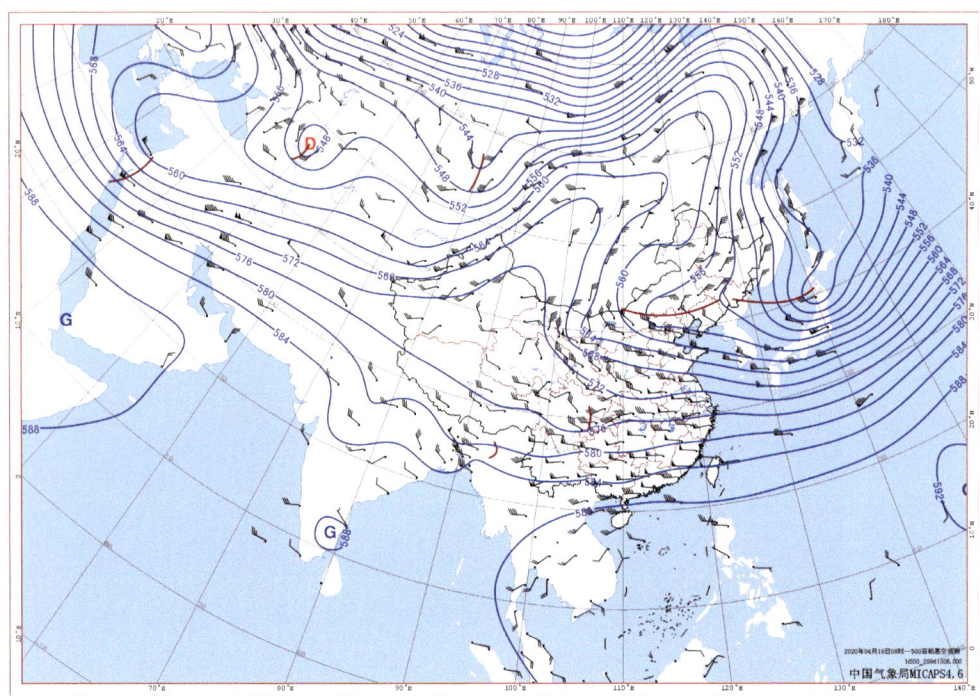

5.6.4 2020年4月10日08时地面天气图

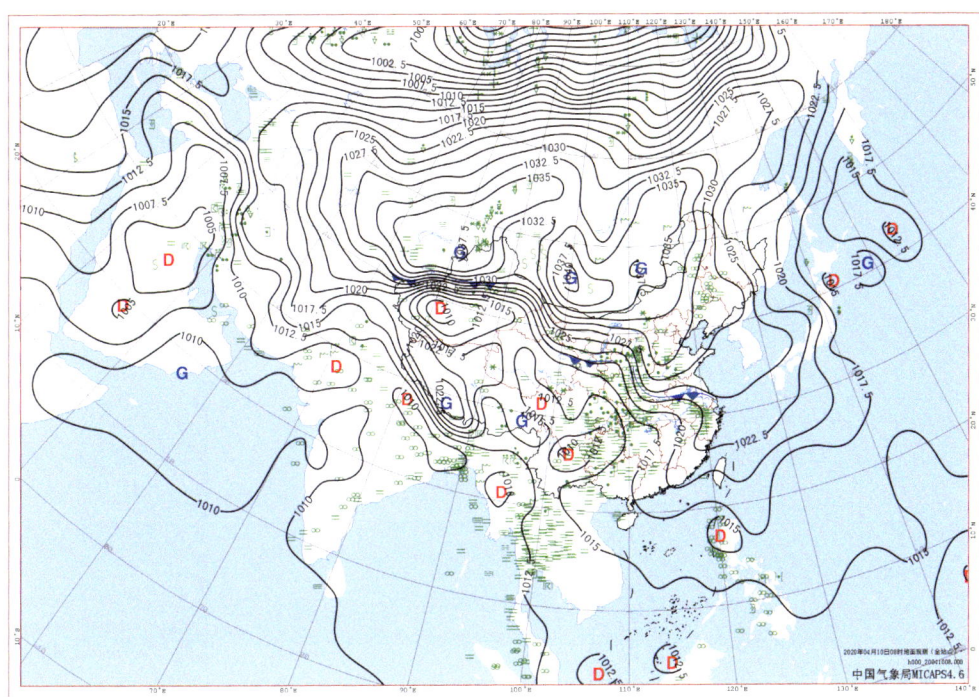

5.6.5 气象卫星监测图

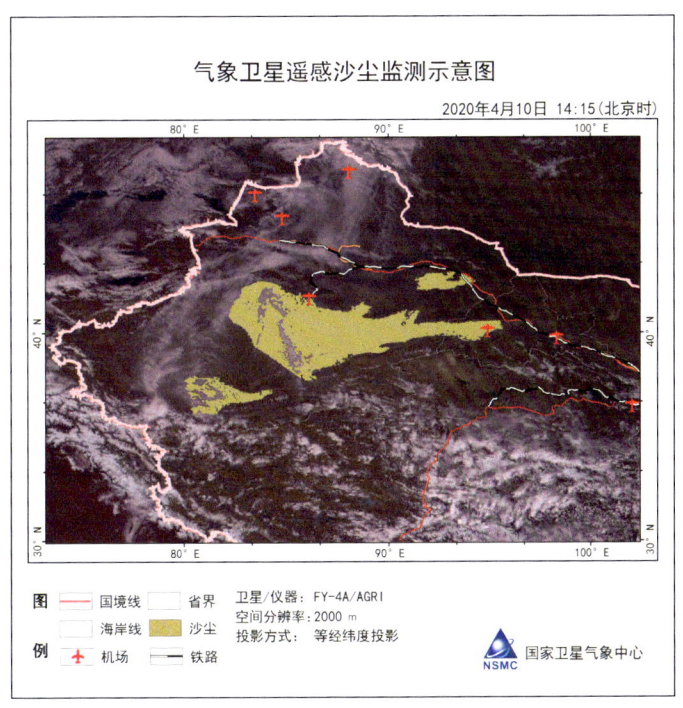

5.7 5月10—11日扬沙天气过程

5.7.1 沙尘天气过程描述

起止时间	5月10—11日
类 型	扬沙天气过程
最大风速(单位：m/s) 及出现站点	15 内蒙古：二连浩特
最小能见度(单位：km) 及出现站点	0.4 新疆：民丰
沙尘路径	局地型
沙尘暴站点	/
强沙尘暴站点	/
影响系统	蒙古气旋

5.7.2 沙尘天气范围图

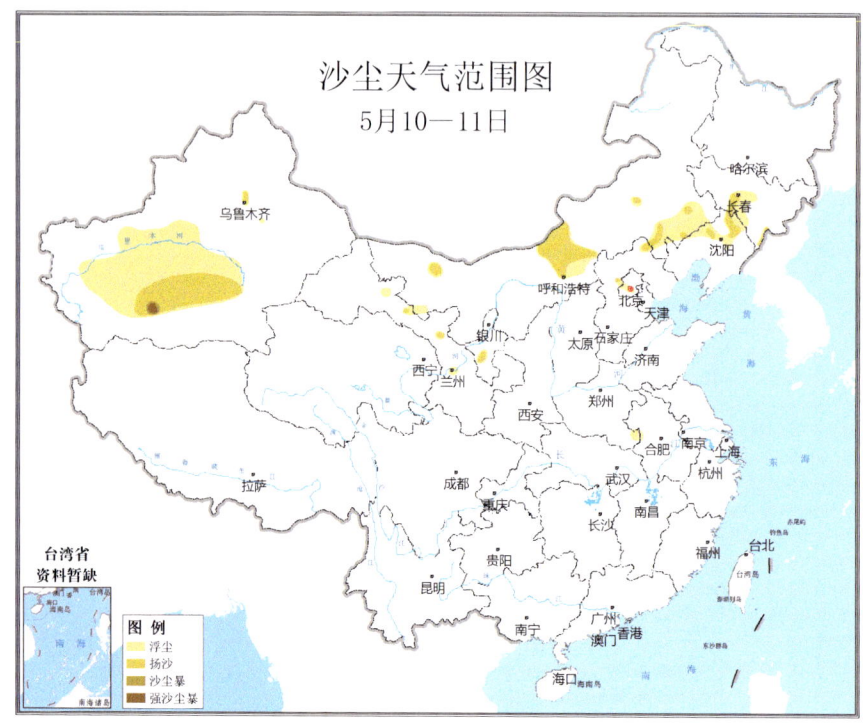

5.7.3 2020 年 5 月 10 日 08 时 500 hPa 环流形势图

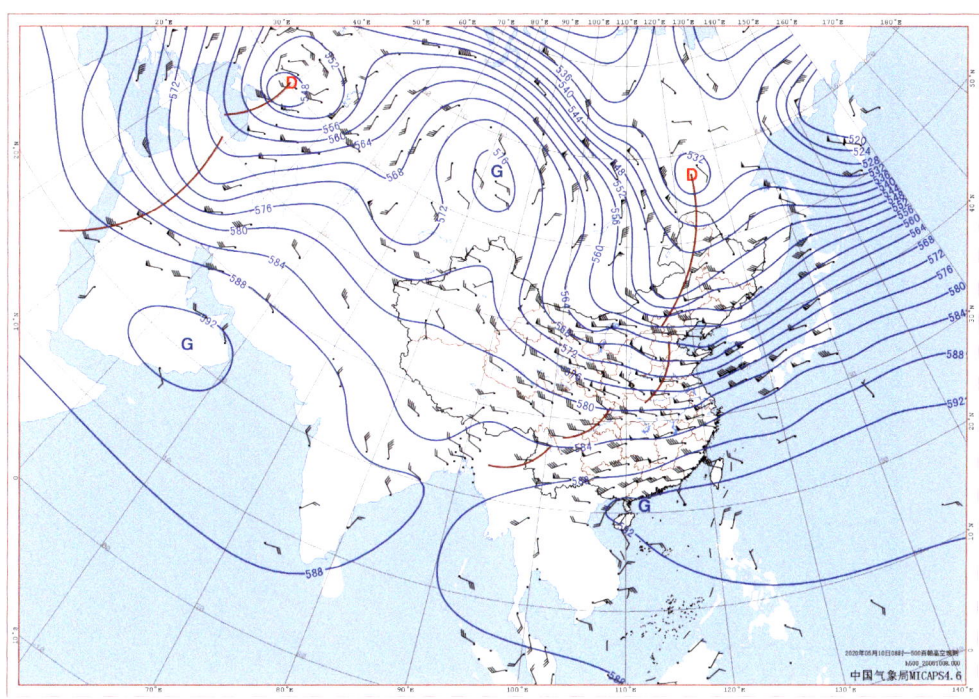

5.7.4 2020 年 5 月 10 日 08 时地面天气图

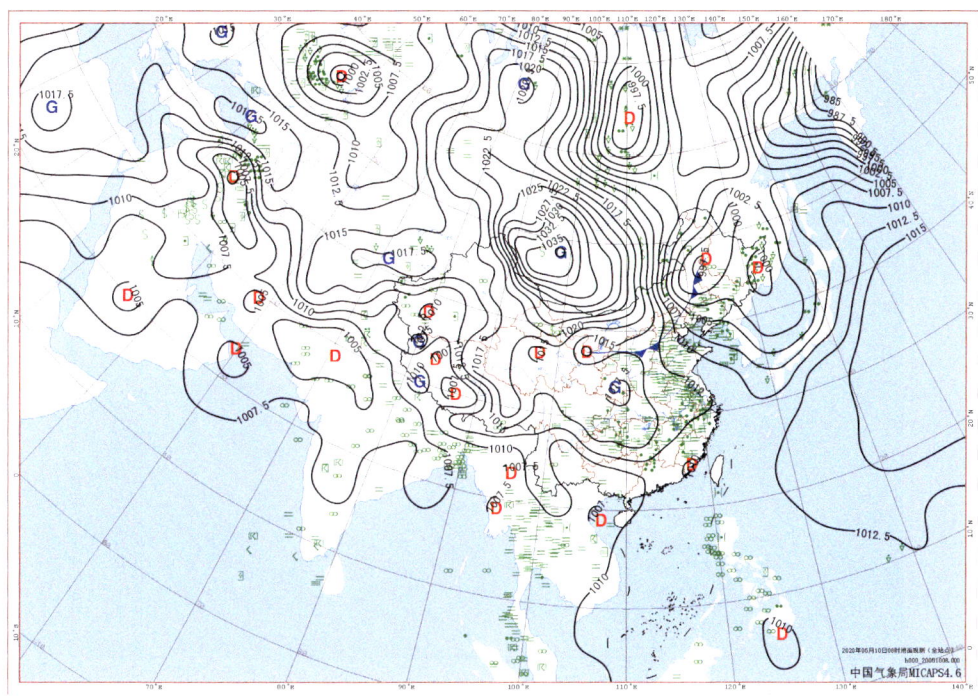

5.8　5月11—12日扬沙天气过程

5.8.1　沙尘天气过程描述

起止时间	5月11—12日
类　型	扬沙天气过程
最大风速（单位：m/s）及出现站点	17 内蒙古：二连浩特
最小能见度（单位：km）及出现站点	0.9 内蒙古：满都拉
沙尘路径	偏北路径型
沙尘暴站点	青海：格尔木 内蒙古：呼兰浩特
强沙尘暴范围	/
影响系统	地面冷锋、蒙古气旋

5.8.2　沙尘天气范围图

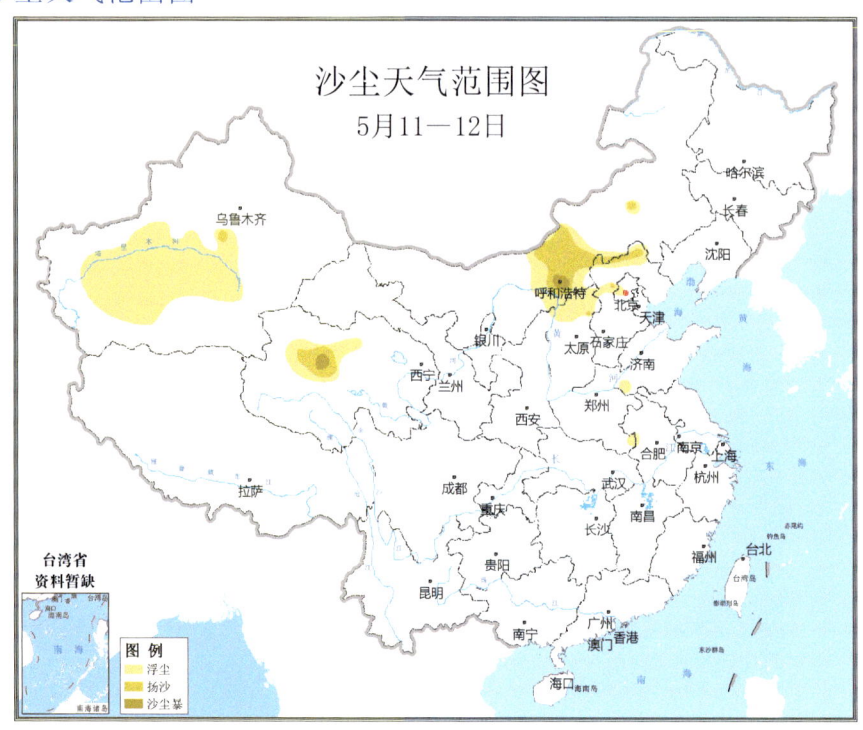

5.8.3 2020 年 5 月 11 日 20 时 500 hPa 环流形势图

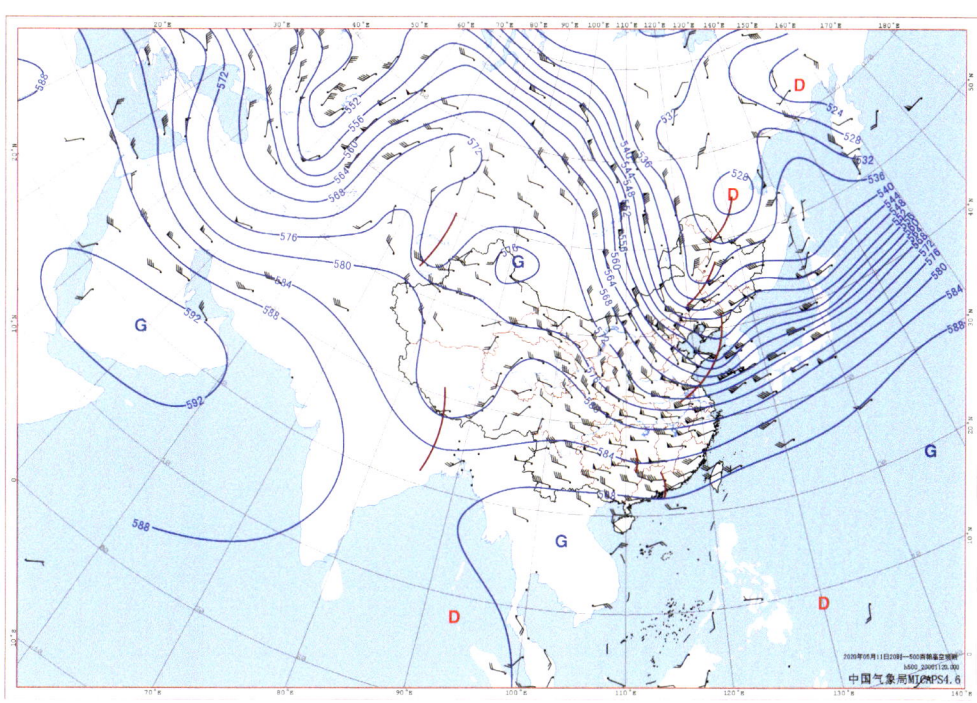

5.8.4 2020 年 5 月 11 日 20 时地面天气图

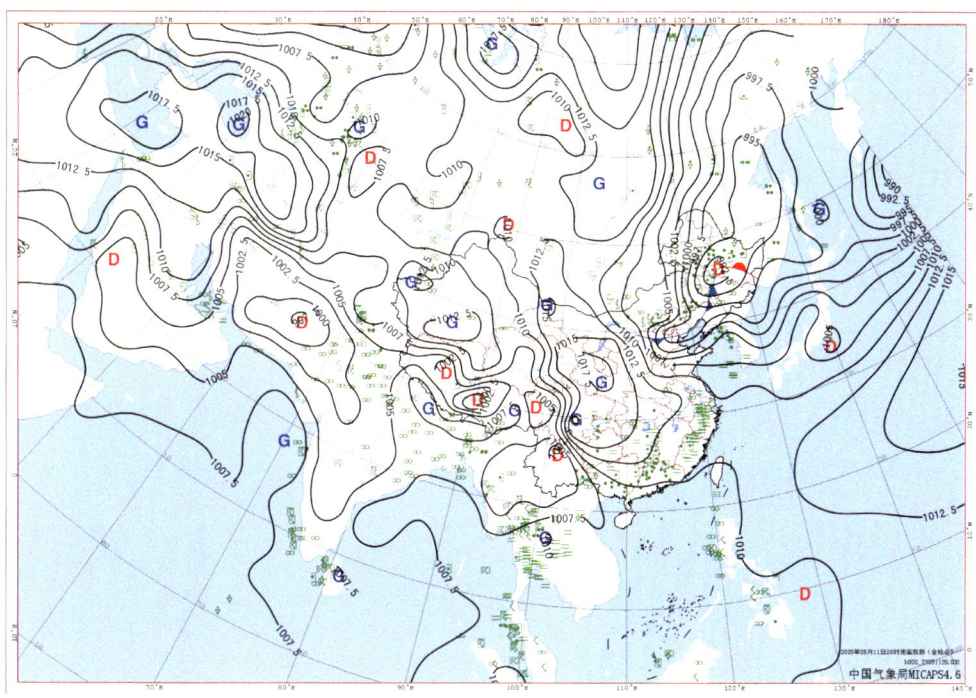

5.8.5 气象卫星监测图

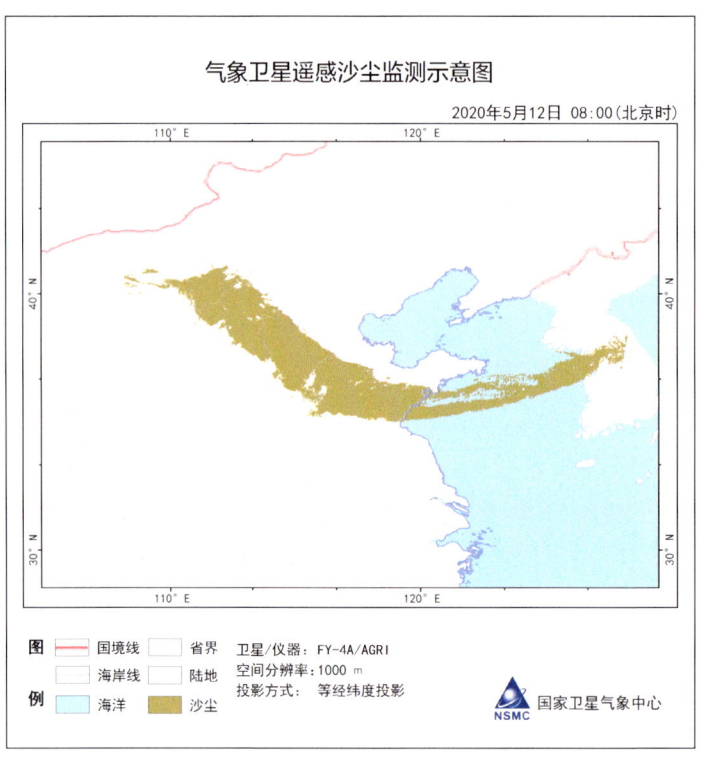

5.9 6月1日扬沙天气过程

5.9.1 沙尘天气过程描述

起止时间	6月1日
类　　型	扬沙天气过程
最大风速（单位：m/s）及出现站点	16 内蒙古：巴音毛道
最小能见度（单位：km）及出现站点	0.8 内蒙古：吉兰泰
沙尘路径	西北路径型
沙尘暴站点	/
强沙尘暴站点	/
影响系统	蒙古气旋

5.9.2　沙尘天气范围图

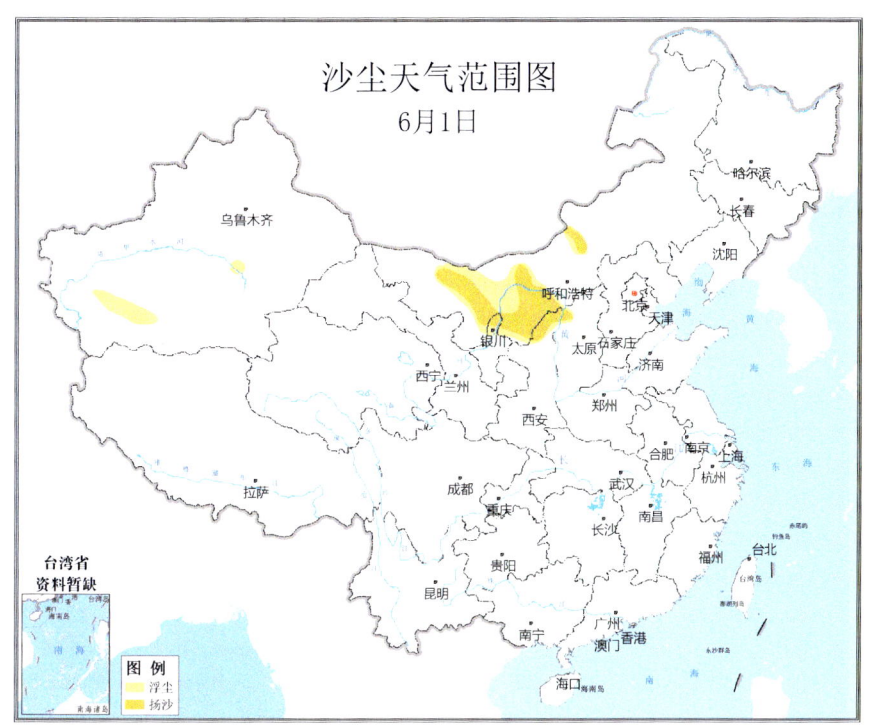

5.9.3　2020 年 6 月 1 日 08 时 500 hPa 环流形势图

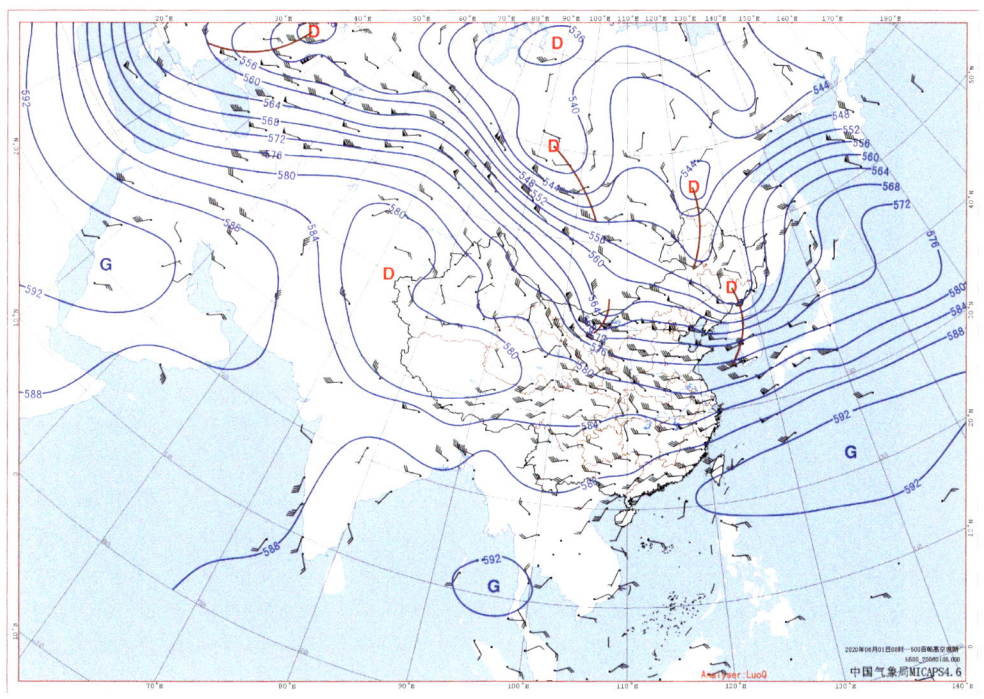

5.9.4　2020年6月1日08时地面天气图

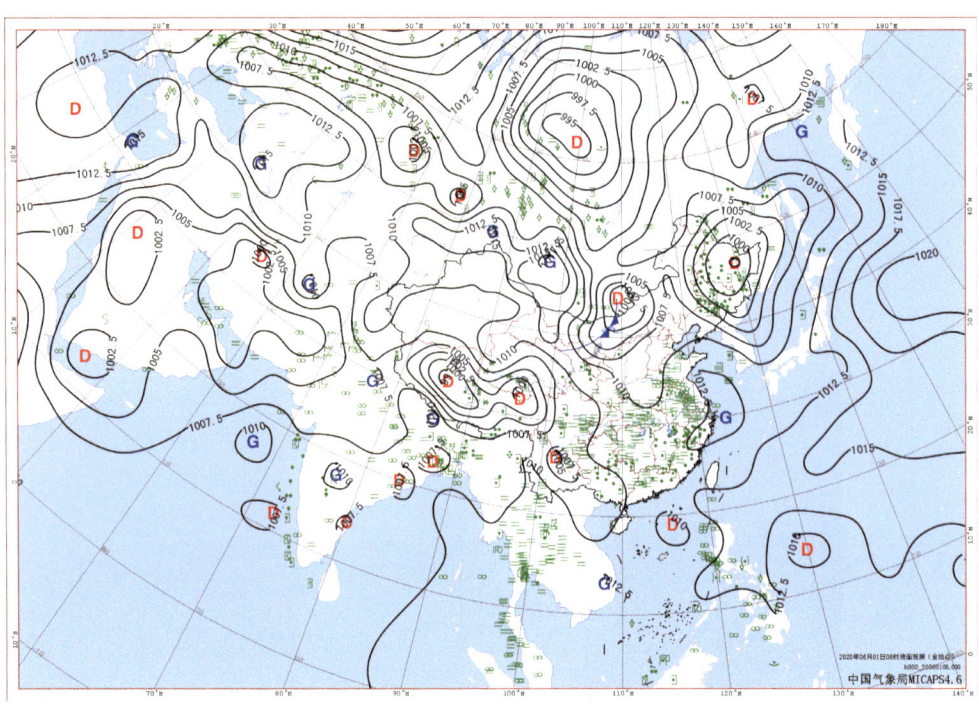

5.10　10月20—21日扬沙天气过程

5.10.1　沙尘天气过程描述

起止时间	10月20—21日
类　　型	扬沙天气过程
最大风速（单位：m/s）及出现站点	18 内蒙古：满都拉
最小能见度（单位：km）及出现站点	0.8 内蒙古：吉兰泰
沙尘路径	偏北路径型
沙尘暴范围	/
强沙尘暴站点	/
影响系统	地面冷锋、蒙古气旋

5.10.2 沙尘天气范围图

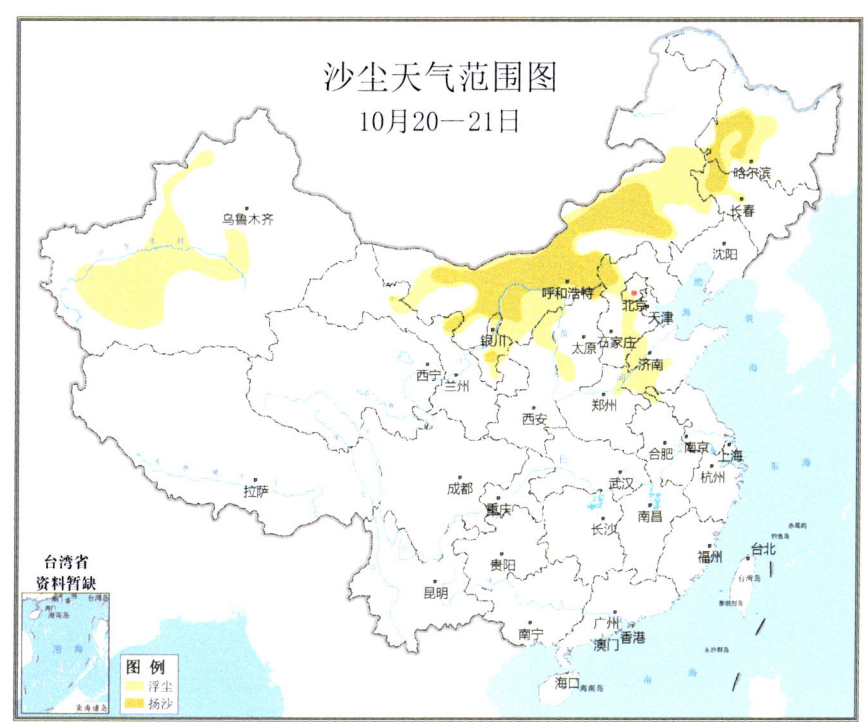

5.10.3 2020年10月20日20时500 hPa环流形势图

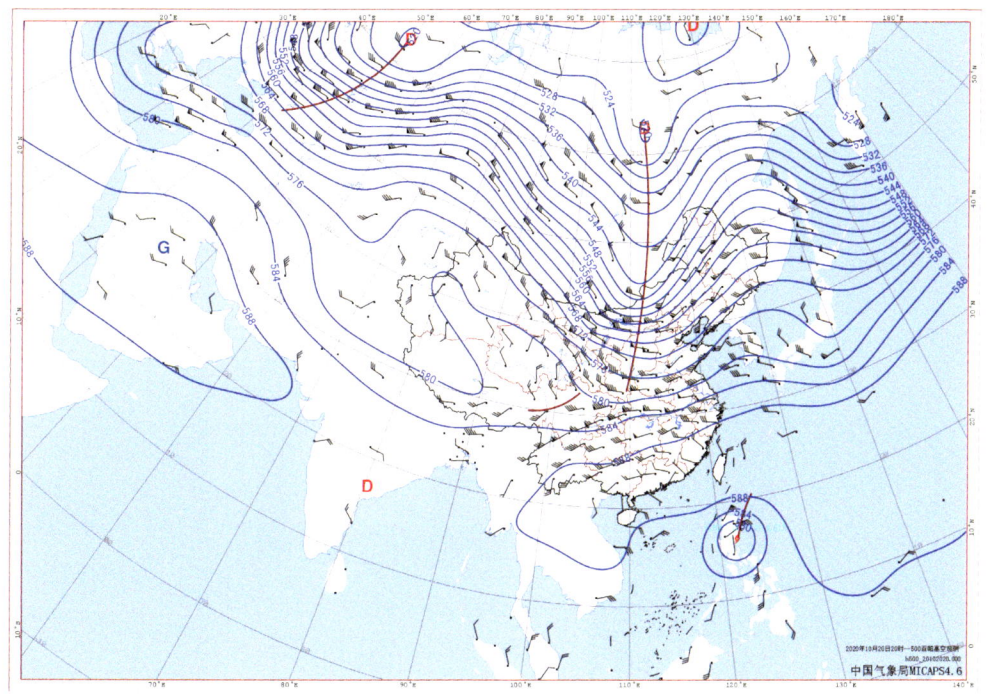

5.10.4　2020年10月20日20时地面天气图

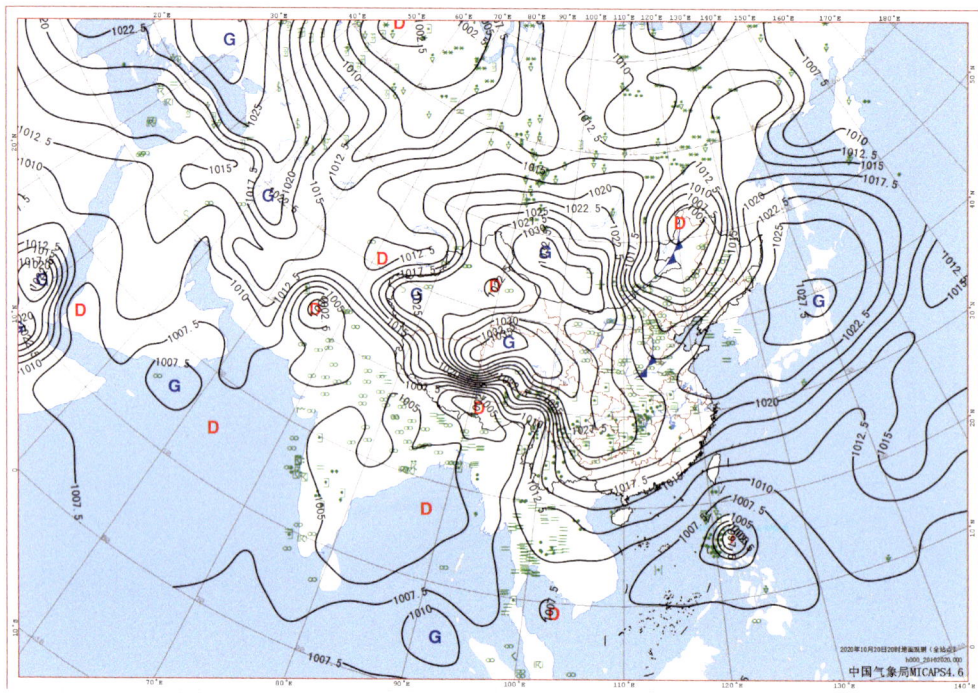

5.10.5　气象卫星监测图

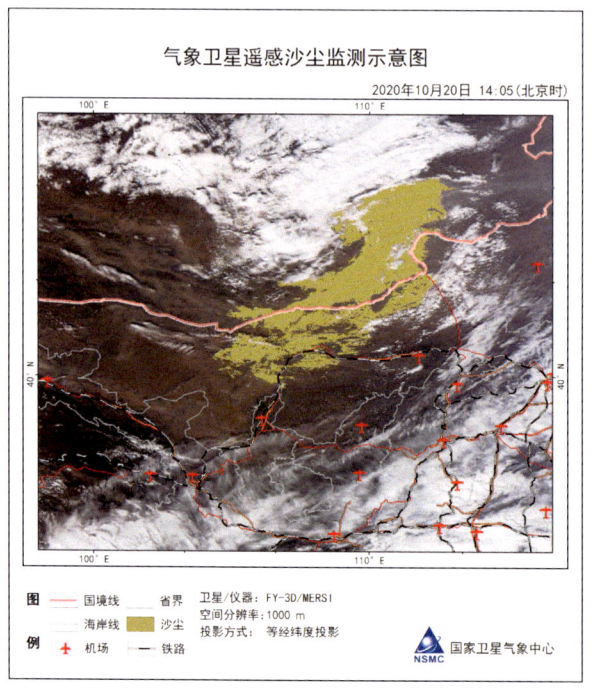